Wissenschaft und Kultur, Band 28

Bruno de Finetti
Professor an der Universität Rom

Die Kunst des Sehens in der Mathematik

Aus dem Italienischen übersetzt
von Lulu Bechtolsheim

1974 Birkhäuser Verlag, Basel und Stuttgart

Italienische Originalausgabe:
Il «saper vedere» in matematica.
Copyright by Casa Editrice Loescher
di G. Pavia, Torino, 1967.

Buchgestaltung: Albert Gomm SWB

ISBN 3-7643-0677-7

Inhaltsverzeichnis

Vorbemerkung

Es kommen im Text gelegentlich die Verweise (ÜP) und (BN) vor, entweder mit einer zusätzlichen Nummer versehen wie (ÜP, 5) oder (BN, 3) oder ausführlicher wie (BN, 4, S. 29). Diese Verweise beziehen sich auf die (numerierten) ‹Übungen und Probleme› bzw. auf das (ebenfalls numerierte) Verzeichnis der in ‹Bibliographische Notizen› (Nota Bibliografica) aufgeführten Werke. Diese bibliographischen Notizen sind in die vorliegende deutsche Ausgabe des Buches nicht aufgenommen worden, da sie wesentlich auf ein italienisches Leserpublikum zugeschnitten sind. Die Verweise sind jedoch beibehalten worden, um deutschen Lesern, die eventuell an der Bibliographie besonders interessiert sind, diese vermittels der italienischen Originalausgabe zugänglich zu machen.

1

Nachdenken, um ein Resultat zu erreichen

Man muß Phantasie und echtes Interesse haben, um in der Mathematik die Probleme direkt zu sehen; gelingt dies aber, so wird die Mathematik aufschlußreich und sogar unterhaltend. Damit der Schüler sich hiervon überzeugt, genügt es, daß er sich daran gewöhnt, nachzudenken, sich Rechenschaft abzulegen über den Sinn und den Wert und die Nützlichkeit dessen, was er tut; er wird dann auch als Erwachsener den Vorteil beibehalten, in jeder Lage zu wissen, wie er die mathematischen und logischen Aspekte der Probleme, mit denen er sich im Leben auseinandersetzen muß, anzupacken hat. Die Mathematik erscheint nur dann und wird nur dann trocken und widerwärtig, wenn man die Ziele im dunkeln läßt, auf die sie anspricht, und sich auf die passive Akzeptierung von Begriffen, Methoden und Formalismen beschränkt.
Es ist vor allem nützlich, über Beispiele nachzudenken, über verschiedenartige Beispiele nachdenken zu lernen, sie zu modifizieren, sich selbst neue herzustellen und so immer besser die *Kunst des Sehens* zu erlernen, immer besser entdecken und erkennen zu lernen, was man zu sehen verstehen muß, um ein Problem zu meistern. Wir beginnen mit drei geschichtlichen Beispielen aus drei sehr verschiedenen Epochen; sie werden uns eine fruchtbare Anregung liefern.

Plato: Sokrates und der Sklave

Das erste Beispiel ist in einer berühmten Stelle aus Plato (einem griechischen Philosophen, 427–347 v. Chr.) enthalten, und zwar in dem Dialog Menon: Sokrates richtet Fragen an einen Sklaven, dem er die Aufgabe gestellt hat, ein Quadrat zu verdoppeln (d. h., ein Quadrat mit dem doppelten Flächeninhalt des gegebenen zu konstruieren). Zuerst bringt er den Sklaven durch seine Fragen dazu, einzusehen, daß sich ein vierfacher, nicht ein doppelter Flächeninhalt ergäbe, wenn er die Seite verdoppeln würde (was der Sklave auf den ersten Anhieb hatte tun wollen). Indem er den Sklaven dazu antreibt, nachzudenken und die gezeichnete Figur (Fig. 1) zu betrach-

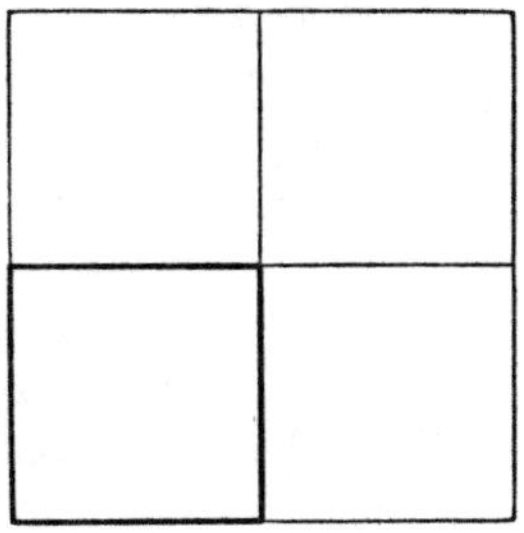

Fig. 1

ten, um zu versuchen, darin ein Quadrat vom halben Inhalt des vervierfachten zu entdekken, gelingt es Sokrates schließlich, ihn darauf zu bringen, daß es genügt, dieses gesuchte Quadrat wie in Figur 2 zu konstruieren, näm-

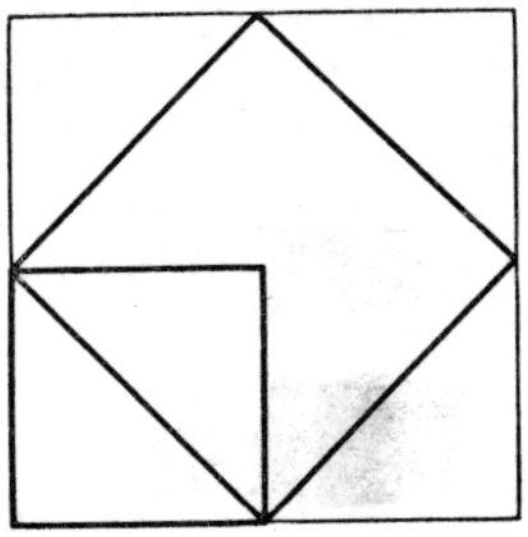

Fig. 2

lich indem man die Diagonale des ersten Quadrats als Seite nimmt.
Man kann also mathematische Ergebnisse erreichen, ohne spezifische Studien getrieben zu haben, allein durch Nachdenken und Beobachten. Und das ist, was Plato hervorhebt, sei es auch, daß er, wie es damals üblich war, metaphysische Erklärungen dafür sucht (‹angeborene Ideen› oder Erinnerungen aus anderen, vorhergegangenen Leben).

Der kleine Schuljunge Gauß

Das zweite Beispiel ist die berühmte Anekdote über Gauß, einen der größten Mathematiker aller Zeiten (1777–1855), die schildert, wie er als Kind durch die Art, auf welche er eine der Klasse gestellte Aufgabe anpackte, die Aufmerksamkeit des Lehrers auf sich zog und seine Verwunderung erregte. Um ungestört Hefte korrigieren zu können, hatte der Lehrer seinen Schülern eine lange Rechenaufgabe aufgegeben: alle Zahlen von 1 bis 100 zu addieren. Aber Gauß händigte das Resultat sofort ein: Die Summe ist 5050, weil, wenn man die Summanden paart (den ersten und den letzten: 1 und 100; den zweiten und den vorletzten: 2 und 99; dann 3 und 98 usw. bis zu 49 und 52 und schließlich 50 und 51), sich 50 Paare ergeben, jedes mit der Summe 101. Anders ausgedrückt: Es kommt auf dasselbe heraus, als wenn die 100 Summanden alle denselben Wert, $^1/_2 \cdot (1 + 100)$, die halbe Summe des ersten und letzten Summanden, betrügen.

Gauß war Gauß, zugegeben. Aber die Entdeckung war einfach; vielleicht hätte jedes Kind diese Eigenschaft erkennen können, wenn es der Aufgabe etwas echte Aufmerksamkeit zugewandt hätte. Und das ist eben die Hauptsache, es zu verstehen, *die einfachen Dinge zu sehen*, und es nicht unter seiner Würde zu finden, über sie nachzudenken (wir kommen hierauf besonders in Kap. 5 und 6 zurück). Auf diese und nur auf diese Weise werden schließlich andere, immer kompliziertere Dinge verständlich, anschaulich und sinnfällig.

Einer wie ihr

Das dritte Beispiel entstammt unserer Zeit; es betrifft einen Schüler der Mittelschule ‹T. Tasso› in Rom (den dreizehnjährigen Massimo Campanino, Klasse III B, Jahr 1964/65). Dieser Schüler entdeckte und gab genau an, wie man durch ein viel einfacheres und sinnvolleres Verfahren als das gewöhnlich angewandte[1]) den Ausdruck für das Volumen des Oktaeders erhalten kann.

Wenn man das Oktaeder dadurch ergänzt, daß man vier seiner (abwechselnd gewählten) Seitenflächen je ein gleichseitiges Tetraeder aufsetzt (wie es Fig. 3 zeigt), so erhält man

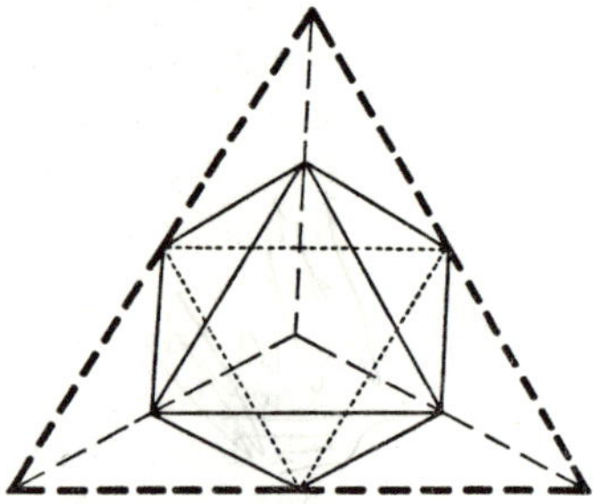

Fig. 3

wiederum ein Tetraeder, und zwar eines mit der doppelten Seitenlänge und daher dem achtfachen Volumen jedes der zu dem Oktaeder hinzugefügten Tetraeder. Entfernt man diese vier hinzugefügten Tetraeder, so bleibt das ursprünglich betrachtete Oktaeder zurück, dessen Volumen also das Vierfache des Volumens eines Tetraeders mit gleicher Seitenlänge beträgt $(4 = 8 - 4)$. Und dieses Ergebnis zu erreichen, eben darum handelte es sich.

Daß durch das Verdoppeln der Seite das Volumen achtmal größer wird, ist für den Würfel sinnfällig (das zeigt dieselbe Art der Überlegung, wie sie im Fall des Quadrats von Sokrates und dem Sklaven angestellt wurde); daß dieselbe Eigenschaft für jeden Körper

[1]) Es handelt sich nicht um eine ‹Entdeckung› im absoluten Sinn: Pólya weist auf diese Methode als ein sinnvolles und wenig bekanntes Verfahren hin (BN, 13). Das Verdienst besteht darin, darauf gekommen zu sein (besonders im Hinblick auf die geringe Vertrautheit der meisten Schüler mit räumlicher Anschauung, woran die fast ausschließliche Betonung der ebenen Geometrie in den Lehrplänen mit schuld ist).

gilt, ist eine Tatsache, auf die wir (in Kap. 5) zurückkommen werden, und das nähere Eingehen darauf wird sich als nützlich erweisen nicht nur für die, die noch nichts davon wissen, sondern auch für die, welche bereits damit vertraut sind.

Wie hat nur ein 13jähriger Schüler, so wird man fragen, auch wenn er besonders begabt war, dieses Problem unter einem Gesichtspunkt sehen können, der ihm weder von Lehrbüchern noch von Lehrern geboten worden war? Dazu ist zu sagen, daß der Unterricht in dieser Klasse von Emma Castelnuovo (BN, 1, 14) erteilt wurde, einer Lehrerin, deren Unterrichtsmethode dazu angetan ist, das Denkvermögen der Schüler anzuregen, anstatt es (wie das im allgemeinen geschieht) unter starren Begriffen, die angeblich bald praktischer, bald wissenschaftlicher Natur sind, ersticken zu lassen.

Sorgt dafür, daß nicht umsonst gesät wird!

Diese drei Beispiele sollten nur einstweilen einmal zeigen, wie es möglich ist, zu wirklich interessanten und lohnenden Ergebnissen zu gelangen, indem man direkt an konkrete Probleme denkt, ohne Theorien oder stereotype, schulmäßige Rezepte anzuwenden. Das heißt, nicht, daß solche Theorien und Verfahren nicht von Nutzen seien; aber auch wenn es angebracht ist, sich ihrer zu bedienen, so macht die Arbeit mehr Spaß und kostet weniger Mühe und bringt einen viel weiter, wenn man versucht, jedes einzelne Problem auf solche Art zu ‹sehen›, daß man mit Verstand jede nützliche Einzelheit auswertet. Und eben auf diese Art und nur auf diese Art könnt ihr das, was ihr auf der Schule gelernt habt, nutzbar machen und dafür sorgen, daß eure Mühe und die Mühe eurer Lehrer nicht umsonst gewesen sein wird.

2
Und dann noch einmal nachdenken

Das Lösen einer Aufgabe ist an sich schon immer eine lohnende Bemühung: Jeder Erfolg macht weitere Erfolge leichter. Aber der Vorteil, den man erlangt, ist viel größer, wenn man bei jedem Problem, das sich einem stellt, innehält, um nachzudenken, nicht nur soweit es nötig ist, um das Problem zu lösen, sondern darüber hinaus, um alle Einsichten zu beherzigen, die man dem Problem abgewinnen kann, indem man ihm auf den Grund geht.

Vom praktischen Standpunkt aus handelt es sich einfach darum, einige Male ‹warum› zu fragen:

– Warum gilt das gefundene Ergebnis (d.h., würde es bestehen bleiben oder würde es sich und wie würde es sich verändern, wenn ich die Daten auf diese oder jene Weise modifizierte)?

– Warum bin ich zuerst auf Schwierigkeiten gestoßen und habe ich sie dann überwunden (d.h., wo war der ‹springende Punkt›, und wie kam es, daß er mir zuerst entgangen ist und ich ihn später erkannt habe)?

Wenn wir auf diese Art über die Dinge nachdenken, bereichert sich unsere Erfahrung und vertieft sich unser Wissen. Es vertieft sich vor allem, wenn man dazu gelangt, über die Dinge nachzudenken, sozusagen ohne sich dessen bewußt zu sein (wie wenn man vergebens vor dem Einschlafen den Ansatz für eine Aufgabe sucht und beim Erwachen gewahr wird, daß man ihn gefunden hat).

Wir werden gleich sehen, wie wir beim Nachdenken über die ersten Beispiele, die wir gerade betrachtet haben, auf ganz natürliche Weise zu aufschlußreichen Einsichten und Ergebnissen gelangen können, die von viel allgemeinerem Charakter sind als diese Beispiele selbst. Beginnen wir mit Gauß.

Zurück zu Gauß

Es ist natürlich, sich zu fragen, ob dasselbe Verfahren gültig bleibt, wenn man, anstatt der Summe der Zahlen von 1 bis 100, diejenige der Zahlen von 1 bis 12 oder von 1 bis 500 oder von 1 bis 1965 usw. berechnen will. Es zeigt sich sofort, daß dies in der Tat der Fall ist. In den drei Fällen ist das Resultat bzw. $^1/_2 \cdot 12 \cdot 13$, $^1/_2 \cdot 500 \cdot 501$, $^1/_2 \cdot 1965 \cdot 1966$ (wie es sich für die Zahlen von 1 bis 100 als $^1/_2 \cdot 100 \cdot 101$ ergab). Die im ersten Fall angestellte Überlegung bleibt Wort für Wort gültig. Man beachte jedoch, daß es sich im letzten Fall (da 1965 eine ungerade Zahl ist) etwas merkwürdig ausnimmt zu sagen, wir hätten $982^1/_2$ Paare mit der Summe 1966, obgleich dies in dem Sinn als ‹wahr› angesehen werden kann, daß die mittlere Zahl, 983, ungepaart bleibt und eben den Wert der ‹Hälfte eines Paares mit der Summe 1966› darstellt[2]); im übrigen paßt die oben gegebene zweite Formulierung hier auch dem Buchstaben nach: Die Summe ist die gleiche, als ob alle Summanden gleich der halben Summe des ersten und letzten wären.

Es ist klar, daß das Verfahren und die Regel, die es ergibt, immer gültig sind, wenn die Summanden um eine konstante Differenz zunehmen (oder auch abnehmen), ohne daß notwendigerweise die Differenz 1 ist oder die Zahlenfolge mit 1 beginnt; man sagt in einem solchen Fall, daß die Zahlen **linear variieren** oder daß sie eine **arithmetische Folge** bilden (z.B. 5, $6^1/_4$, $7^1/_2$, $8^3/_4$, 10, $11^1/_4$, $12^1/_2$, $13^3/_4$, 15, $16^1/_4$, $17^1/_2$, $18^3/_4$, 20). Die Summe ist immer das mit der Anzahl der Glieder multiplizierte Mittel des ersten und letzten Gliedes (in unserem Beispiel beträgt sie $^1/_2\,(5+20) \cdot 13 = 162^1/_2$).

Jedes mathematische Resultat wird im allgemeinen klarer oder wird unmittelbar anschaulich, wenn man es auf **geeignete Weise geometrisch darstellt.**

Stellen wir in unserem Fall die sukzessiven Summanden durch Rechtecke dar, deren Grundlinie gleich 1 und deren Höhe gleich dem jeweiligen Wert des Summanden ist, so erhalten wir, wenn die Zahlen eine arithmetische Folge bilden, eine Stufenfolge von gleichen Stufen (d.h. eine geradlinig fortschreitende Stufenfolge; s. Fig. 4). Und es ist klar,

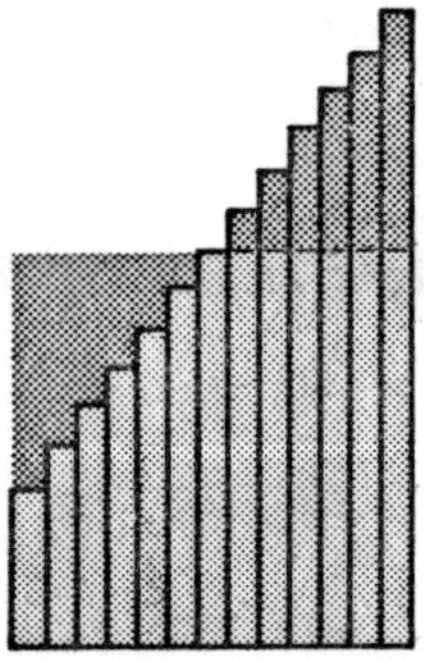

Fig. 4

daß in einem solchen Fall der Flächeninhalt (die Summe) derselbe ist wie derjenige des Rechtecks mit derselben Grundlinie und einer Höhe, die gleich dem Mittelwert der beiden äußersten Höhen ist. Die Überlegung des kleinen Gauß beruht auf der Erkenntnis, daß, mit Bezug auf die Figur ausgedrückt, die Rechtecksstücke, die über das Mittelwertsniveau hinausragen, identisch sind mit denen der entgegengesetzten Seite, die unterhalb davon bleiben.

Aus jeder neuen Überlegung können wir weitere neue hervorgehen lassen und das unbegrenzt fortsetzen. Die bereits angestellten

[2]) Es ist immer von Nutzen, über ‹Interpretationserweiterungen› wie diese nachzudenken; sie sind häufig gültig, aber ob sie es sind oder nicht, muß von Fall zu Fall nachgeprüft werden. Die Regel läßt sich mittels einer Formel ausdrücken, wenn wir übereinkommen, die Anzahl der zu summierenden Zahlen mit einem Buchstaben, sagen wir (wie gebräuchlich) n, zu bezeichnen. Dann lautet die Regel: *Die Summe der Zahlen von 1 bis n beträgt* $^1/_2\, n\,(n+1)$. Zwecks Betrachtungen über die Nützlichkeit solcher Methoden werden wir den jetzigen Hinweis im folgenden wieder aufnehmen (Kap. 9 und 10).

Überlegungen genügen, um uns einstweilen schon erkennen zu lassen:
– wie jede dazu beiträgt, uns das Warum des im Spezialfall (der Summe der Zahlen von 1 bis 100) erlangten Ergebnisses unter verschiedenen Aspekten klarer hervortreten zu lassen;
– wie sich dieses Ergebnis als auf viele andere Fälle anwendbar herausstellt (man kann sich leicht vorstellen, wie häufig solche Fälle im praktischen alltäglichen Leben vorkommen können);
– wie das Ausdrücken eines Ergebnisses durch Formeln viel eher spontanen Ideen und Bedürfnissen entsprechen kann, als man glauben möchte, wenn man diesem Thema im Lauf der gewöhnlichen Schulausbildung begegnet;
– wie fruchtbar es ist, wenn man selbständig eine geometrische Darstellung finden kann.

Wir werden im folgenden mehrmals Gelegenheit haben, uns auf diese Überlegungen zu stützen, sie wieder aufzugreifen und weiterzuentwickeln; es wird sich dann noch besser zeigen, wie wertvoll jede Einsicht ist, mag sie im Moment noch so unerheblich erscheinen, wenn sie nur lebendig im Gedächtnis bleibt, bereit, wieder aufzutauchen und uns zu helfen, Probleme, die mit ihr irgendwie in Zusammenhang stehen, zu durchschauen und anzupacken.

3
Man stößt auch auf allgemeine Fragen

Was die beiden anderen Beispiele betrifft, so beschränken wir uns darauf, einen ihnen gemeinsamen Aspekt zu betrachten: *Wie verändern sich Flächeninhalte und Volumen, wenn man die Längen* (in den Beispielen die Seite des Quadrats bzw. des Tetraeders) *verdoppelt* (oder allgemein variiert)? Wie wir schon festgestellt haben, vervierfachen sich die Flächeninhalte und verachtfachen sich die Volumen, wenn man die Längen verdoppelt. Wenn man nun allgemeiner die Längen mit einer beliebigen Zahl (z.B. 0,8, 1,1, 2,7, 10 usw.), sagen wir r, multipliziert, so werden sich die Flächeninhalte mit dem *Quadrat* von r (d.h. $r^2 = r \cdot r =$ ‹r mit sich selbst multipliziert›) multiplizieren [in den Beispielen $(0,8)^2 = 0,64$, $(1,1)^2 = 1,21$, $(2,7)^2 = 7,29$, $10^2 = 100$], und die Volumen werden sich mit der *dritten Potenz* von r (d.h. $r^3 = r \cdot r \cdot r$) multiplizieren [in den Beispielen $(0,8)^3 = 0,512$, $(1,1)^3 = 1,331$, $(2,7)^3 = 19,683$, $10^3 = 1000$].

Daß dies für das Quadrat und den Würfel stimmt, ist augenfällig: Man erhält das Quadrat mit der doppelten Seitenlänge aus 4 gleichen Quadraten (Fig. 1) und ähnlich den Würfel mit der doppelten Seitenlänge aus 8 gleichen Würfeln. Für das Quadrat oder den Würfel, dessen Seitenlänge z.B. von 1 auf 0,8 reduziert wird, genügt es, sich klarzumachen, dass 64 der kleinen Quadrate mit der Seite $^1/_{10}$ bzw. 512 der kleinen Würfel mit der Seite $^1/_{10}$ erforderlich sind, um die betreffende Figur herzustellen.

Wird aber dasselbe wie für den Würfel auch für das Tetraeder gelten? Man sieht leicht ein, daß es nicht möglich ist, das Tetraeder mit der doppelten Seitenlänge in 8 gleiche Tetraeder aufzuteilen. Entfernt man 4 solche von den Ecken (s. Fig. 3), so bleibt ein Oktaeder übrig, und man kann daraus nicht 4 andere Tetraeder machen, die den vorhergehenden an Form und Volumen gleich sind. (Man könnte das Oktaeder in 4 Tetraeder aufteilen, die den vorhergehenden bezüglich des Volumens, aber nicht bezüglich der Form gleich sind und die keine regulären Tetraeder sind; wer sich mit diesem Problem befassen will und sich daran erinnert, daß das Volumen eines Tetraeders gleichbleibt, wenn die Grundfläche und die

Höhe gleichbleiben, dem gelingt es vielleicht, einen Weg zu finden, auf dem er diese Aufteilung zustande bringen kann.) Aber warum dabei stehenbleiben, an das Tetraeder zu denken? Das Ergebnis, das uns am Herzen liegt, ist das allgemeine, das auch für den Fall zweier Eier oder zweier Kartoffeln oder zweier Statuen gilt, für den Fall zweier beliebiger Körper, die der Form nach gleich sind, aber deren Längendimensionen sich beim Übergang von dem einen zum anderen verdoppelt (oder irgendwie proportional verändert) haben[3]).

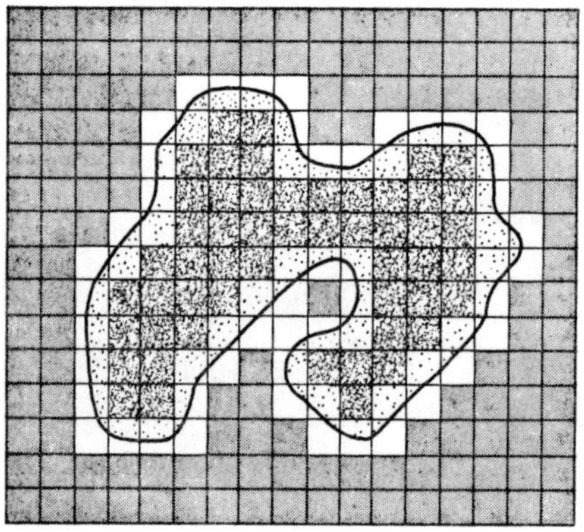

Fig. 5

Um zu zeigen, daß die fragliche Eigenschaft allgemeingültig ist, genügt es, sich zu überlegen, daß jeder Körper (von der Form einer Kartoffel oder eines Eies oder einer Statue oder eines Tetraeders oder irgendeiner anderen) immer als in kleine Würfel zerlegt gedacht werden kann, und zwar in beliebig kleine Würfel, wie jede ebene Figur in beliebig kleine Quadrate zerlegt werden kann, indem man z.B. ein Quadratnetz (etwa ein Netz mit Millimetereinteilung) darüberlegt (s. Fig. 5).

Das Gesamtvolumen wird sich durch die Summe der Volumen der kleinen Würfel ausdrücken; der erhaltene Wert wird zu groß oder zu klein sein, je nachdem, ob wir die unvollständigen Würfelchen, die an der Oberfläche liegen, mitzählen oder nicht; aber der Fehler kann vernachlässigt werden, wenn man die Würfelchen klein genug wählt. Dann genügt es, sich zu überlegen, daß jedes Würfelchen sein Volumen verachtfacht, wenn seine Seitenlänge sich verdoppelt (oder allgemeiner, daß sein Volumen sich mit r^3 multipliziert, wenn seine Seitenlänge sich mit r multipliziert). Damit ist das Ergebnis auf den Fall eines beliebigen Körpers ausgedehnt.

Diese Überlegungen sind unter verschiedenen Gesichtspunkten von äußerster Wichtigkeit. Vor allem geben sie ein lehrreiches Beispiel ab für einfache und tiefgreifende Eigenschaften ‹synthetischer› Art. Eine Eigenschaft wird hier als ‹synthetisch› bezeichnet, wenn sie (wie z.B. in dem gerade betrachteten Fall) gestattet, ohne weiteres einzusehen, daß das Volumen des Tetraeders oder der Kugel sich verachtfacht, wenn sich seine Kantenlänge bzw. ihr Radius verdoppelt, d.h., ohne daß eine genaue ‹analytische› Kenntnis davon nötig ist, was das Volumen des Tetraeders oder der Kugel tatsächlich ist und wie man es berechnet. Gerade an den synthetischen Eigenschaften dieses dimensionalen Typs (d.h. Eigenschaften, die eben nur von der Dimension der in Frage stehenden Größen abhängen, in unserem Fall sind es Längen, Flächeninhalte und Volumen, aber allgemeiner können es auch Zeiten, Geschwindigkeiten, Massen, Kräfte usw. sein) kann man auf fruchtbare Weise die physikalischen Begriffe kennenlernen und einsehen lernen, warum sie so oft gestatten, auf direkte Weise die Beziehungen zwischen dem Verhalten von wirklichen Strukturen (Häusern, Schiffen, Flugzeugen usw.) und maßstabgetreuen Modellen herzustellen.

[3]) Unter diesen Umständen heißen zwei Figuren (gleichgültig ob eben oder räumlich) **ähnlich**. In der Schule bespricht man gewöhnlich nur den einfachsten (und zweifellos wichtigen) Fall ähnlicher Dreiecke, aber es ist wesentlich, die allgemeine Bedeutung des Ausdrucks vor Augen zu haben (vgl. auch Kap. 13, ‹Ähnlichkeit›) und nicht zu glauben, daß es sich um einen besonderen, nur für Dreiecke gültigen Begriff handle [vgl. (ÜP, 1)].

Einen anderen wichtigen Aspekt der vorangehenden Betrachtungen über Flächeninhalt und Volumen, der Beachtung verdient (und wir kommen darauf in Kap. 16 zurück), bietet die Überlegung, die wir in bezug auf allgemeine Flächen und Körper angestellt haben und die sich auf ‹Näherungsmethoden› gründet, welche beim Übergang zum Grenzwert ein streng gültiges Ergebnis liefern.

Nichts ist zu ‹banal›

Die einfachen, vor allem als ‹historische› Kuriositäten gewählten Beispiele, von denen wir ausgegangen sind, haben uns zu Gedankengängen angeregt, durch die wir zu Überlegungen und Ergebnissen viel allgemeinerer Natur gelangt sind. Und es lohnt sich, bei diesen wiederum stehenzubleiben, um ein paar Betrachtungen anzustellen, die wohl banal, aber doch an sich nützlich sind und die ihrerseits nun Gedankengänge anregen, die weitere Entwicklungen aufschließen.

Die banalen Betrachtungen, um die es sich handelt, bestehen darin, die Aufmerksamkeit auf einfache numerische Daten zu richten. Man muß sich davon überzeugen, daß es wichtig und lehrreich ist, das zu tun, daß man riskiert, die Dinge nicht wirklich zu durchschauen, wenn man aus Überheblichkeit oder Faulheit verschmäht, sich zur gewöhnlichen Rechenarbeit herabzulassen, und sich der Illusion hingibt, durch Theorien und Formeln die in Frage stehenden Ideen bereits klar erfaßt zu haben. Numerische Daten erfordern häufig, daß man gründlich über sie nachdenkt und sich sogar bemüht, durch eine oder mehrere graphische Darstellungen einen noch besseren Einblick in ihre Zusammenhänge zu erlangen.

In unserem Fall fordern wir den Leser auf Grund der folgenden Beobachtung dazu auf, sich einen Moment mit numerischen Daten zu befassen: Die wenigsten Leute geben sich (meiner Ansicht nach) Rechenschaft darüber, wieviel schneller die Flächeninhalte und mehr noch die Volumen wachsen, wenn die linearen Dimensionen (Längen) wachsen. Zwei Koffer der gleichen Form scheinen ‹sozusagen gleich› an Fassungsvermögen, wenn sie sich nur wenig in den linearen Abmessungen unterscheiden. Es hat nicht den Anschein, als ob der Durchschnittsmensch sich im allgemeinen Rechenschaft darüber ablegt, daß einem Zuwachs der linearen Dimension (Länge, Breite, Tiefe) von 10% (oder 20% oder 25%) ein Zuwachs an Fassungsvermögen (Volumen) von nahezu 33% (oder 75% oder 100%: Verdoppelung) entspricht. Und ein noch geringeres Vermögen, die Wirkung linearer Veränderungen abzuschätzen, drückt sich in der Achtlosigkeit aus, mit der man von einem ‹Teelöffel Zucker› als Maßeinheit spricht, während kleine Verschiedenheiten in den Dimensionen (und in der Form) sehr wohl den Inhalt eines Teelöffels im Verhältnis von 1 zu 2 oder noch mehr verändern können. (Dabei sehen wir ab von weiteren Unterschieden, die im täglichen Gebrauch darauf beruhen, daß man nicht darauf achtet, den Löffel *bis an den Rand* zu füllen.) Ähnlich, wenn auch natürlich weniger markant hervortretend, scheint der Mangel an dem entsprechenden Urteilsvermögen in bezug auf Oberflächen zu sein.

Wollen wir einmal sehen, was für ein Zuwachs an Flächeninhalt und Volumen einem kleinen Zuwachs an Länge entspricht? Stellen wir eine Tabelle auf. (Es genügt, z. B. 1,01 mit 1,01 zu multiplizieren, was 1,0201 ergibt, und dann noch einmal mit 1,01 zu multiplizieren, wodurch man 1,030301 erhält, um zu sehen, daß die Zuwachse 2,01% und 3,0301% – wir runden es auf 3,03 ab – betragen, und man hat die erste Kolonne der Tabelle auf S. 14.)

Das führt zu der letzten Überlegung, die wir in diesem Zusammenhang anstellen möchten. Wie man sieht, ergibt sich der prozentuale Zuwachs für den Flächeninhalt als ungefähr das Doppelte und für das Volumen als ungefähr das Dreifache des prozentualen Längenzuwachses. Die angegebenen Zuwachse gelten fast genau für niedrigere Werte; dann nimmt das Verhältnis ganz langsam zu, indem es sich mehr und mehr von 2 und 3 entfernt. Man tut gut daran, sich diese Beziehungen zur Orientierung in praktischen Dingen gegenwärtig zu halten. Wenn z.B. durch die Ausdehnung, die einem Temperaturzuwachs entspricht, ein Körper sich in allen Richtungen um einen gewissen Prozentsatz verlängert (sagen wir um 0,38%), so nimmt er an Volumen im dreifachen prozentualen Verhältnis zu (d.h. um 1,14%), während seine Oberfläche sich im doppelten Verhältnis vergrößert (d.h. um 0,76%). Für ein weiteres Beispiel siehe (ÜP, 2). Worauf beruhen nun diese Beziehungen? Die Erklärung ist einfach, und es wird uns bei vielen späteren Überlegungen und Anwendungen zustatten kommen, wenn wir sie uns gegenwärtig halten. Wir beschränken uns darauf, diese Erklärung an Hand der Figuren 6 und 7 zu erläutern. Wenn wir ein Quadrat, sagen wir der Einfachheit halber von der Seitenlänge 1, nehmen und seine Seite um α verlängern (so daß sie $1+\alpha$ beträgt), so nimmt sein Flächeninhalt (s. Fig. 6) um zwei

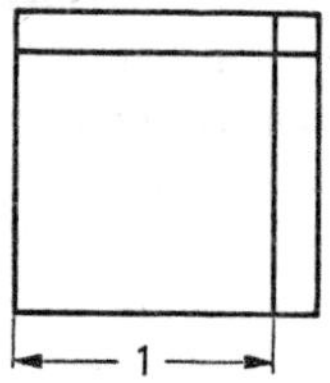

Fig. 6

längliche Rechtecke je vom Inhalt α zu und ferner um das kleine Quadrat, das da liegt, wo die beiden Rechtecke zusammenstoßen; dieses Quadrat kann aber vernachlässigt werden, wenn α klein ist. Analog nimmt der Würfel (Fig. 7) um drei Platten (von der

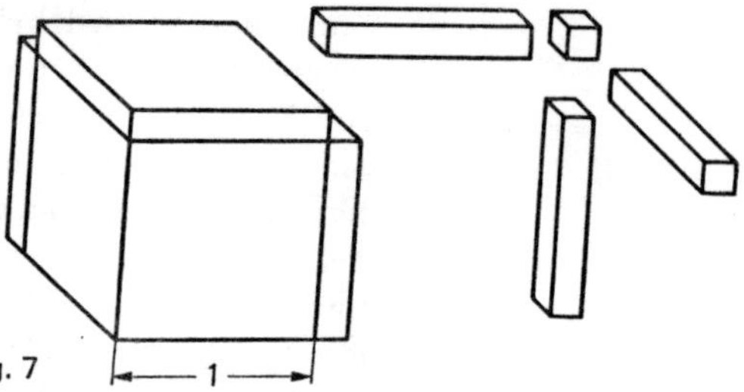

Fig. 7

Grundfläche 1×1, der Höhe α, der Dicke α und dem Volumen α) zu und ferner um drei Stangen und ein Würfelchen (längs der Kanten bzw. in der auszufüllenden Ecke gelegen), wobei diese vier Stücke aber für kleines α wieder vernachlässigt werden können[4].

[4]) Die Figuren 6 und 7 erläutern (auf die übliche Art) die geometrische Bedeutung der Formeln für ‹das Quadrat und die dritte Potenz eines Binoms›. Da wir die ursprüngliche Seitenlänge $=1$ gewählt haben, stellt $\alpha = \alpha/1$ den relativen oder, wenn man so will, bis auf den Faktor 100 den prozentualen Zuwachs der Seite dar; also lauten die Formeln für das Quadrat und die dritte Potenz von $1+\alpha$:
$(1+\alpha)^2 = (1+\alpha)\,(1+\alpha) = 1+2\alpha+\alpha^2$
= großes Quadrat + zwei Rechtecke + kleines Quadrat;
$(1+\alpha)^3 = 1+3\,\alpha+3\,\alpha^2+\alpha^3$
= großer Würfel + drei Platten + drei Stangen + kleines Würfelchen. Dieselbe Bedeutung bleibt bestehen, wenn wir statt wie oben mit 1 und α die Längen der beiden Teile der Seite mit a und b bezeichnen; dann gilt:
$(a+b)^2 = a^2+2\,a\,b+b^2$,
$(a+b)^3 = a^3+3\,a^2\,b+3\,a\,b^2+b^3$.
Durch die Betrachtung der Figuren – im Fall des Würfels ist es noch besser, sich ein ‹Modell› herzustellen (man kann den Würfel z.B. aus einer Kartoffel herausschnitzen) – kann man sich Rechenschaft über die Bedeutung solcher Formeln ablegen. Und wenn man diese Bedeutung im Gedächtnis behält, lassen sich solche Formeln verstehen, auch wenn man sie aus Lehrbüchern lernen muß, die keine geometrischen Darstellungen davon geben.

	% Zuwachs									
an Länge	1,00	2,00	3,00	4,00	5,00	6,00	7,00	8,00	9,00	10,00
an Flächeninhalt	2,01	4,04	6,09	8,16	10,25	12,36	14,49	16,64	18,81	21,00
an Volumen	3,03	6,12	9,27	12,48	15,75	19,08	22,47	25,92	29,43	33,10

4

Wie man über ein Problem nachdenken soll

Wie hat man sich einem Problem gegenüber zu verhalten, wenn man es erfolgreich anpacken und lösen will? Über dieses Thema und unter dem Titel *Wie sucht man die Lösung mathematischer Aufgaben* hat ein bedeutender Mathematiker, Georg Pólya, einen ausführlichen und scharfsinnigen Artikel geschrieben, der dann zu einem Buch herangewachsen ist [*How to solve it* (BN, 5); der deutsche Titel lautet *Schule des Denkens*]. Georg Pólya ist nicht nur ein hervorragender Wissenschaftler, sondern auch ein großer Künstler im interessanten, lebendigen, überzeugenden Darstellen seiner Ideen. Wer weit genug in seiner Ausbildung fortgeschritten ist, um Pólyas *Schule des Denkens* zu lesen, der wird viel Spaß daran haben und großen Gewinn daraus ziehen. Und später kann er dann zu anderen (in vier Bänden enthaltenen) Werken desselben Autors übergehen, die das Thema weiterverfolgen (BN, 12–13) [die Titel der deutschen Übersetzungen lauten *Mathematik und plausibles Schließen*, zwei Bände, und *Vom Lösen mathematischer Aufgaben, Einsicht und Entdeckung, Lernen und Lehren*, zwei Bände].

Hier handelt es sich nicht darum, eine so umfassende Analyse durchzuführen. Es soll nur auf einige der Gründe hingewiesen werden, die häufig Schwierigkeiten, die gar nicht vorhanden sind, unüberwindlich erscheinen lassen und ebenso auf die Art und Weise, wie ein intelligentes Training in der Kunst, *Probleme zu sehen*, dazu verhelfen kann, die Dinge auf die bestmögliche Art zu vereinfachen und zu meistern. Es kommt vor allem darauf an, sich von der Wirksamkeit des ‹*Sehen-Können*s› an vielen Beispielen zu überzeugen, und zwar besonders an einfachen Beispielen. Eine große Zahl der Beispiele, die wir benützen werden, sind ‹mathematischen Wettbewerben› entnommene Aufgaben; solche Wettbewerbe finden in vielen Städten statt und sind für Schüler von 15 bis 20 Jahren bestimmt, vor dem Eintritt in die Universität. Auch die Überlegungen und Ratschläge, die wir an die Besprechung dieser Aufgaben anknüpfen werden, haben sich durch die Analyse der Fehler und Schwierigkeiten ergeben, die in der Bearbeitung der Aufgaben durch die Wettbewerbsteilnehmer zutage treten (BN, 20–24).

Ein italienisches Sprichwort lautet: ‹Durch Fehlermachen lernt man› (‹Durch Schaden wird man klug›), und das ist wahr. Bis zu einem gewissen Punkt kann man aber auch lernen, wenn man über die Fehler und Schwierigkeiten nachdenkt, über die andere gestolpert sind, wie wir umgekehrt im vorangehenden über kluge Ideen nachgedacht haben, auf die andere gekommen sind. Durch solches Nachdenken lassen sich nützliche Kenntnisse und wertvolles Erinnerungsmaterial und Erfahrungen sammeln und verfeinern; ebenso sind natürlich auch die mehr systematischen, auf der Schule gelernten Begriffe von Nutzen, wenn sie nicht lediglich gedankenlos auswendig gelernt, sondern wirklich gedanklich verarbeitet werden.

Aber nur, indem wir wirkliche Aufgaben anpacken, sind wir imstande zu beurteilen, ob und bis zu welchem Grad und mit welchem Erfolg wir uns tatsächlich diese Dinge nutzbar machen können. Man muß es lernen, Aufgaben immer unvoreingenommen zu betrachten und nicht gleich darauf bedacht zu sein, das ‹Rezept› für ihre Lösung zu suchen. Auch wenn es ein solches gibt und wir es kennen, ist es nicht gesagt, daß es angebracht ist, dieses Rezept sofort anzuwenden, ohne erst darüber nachzudenken, ob es nicht besser wäre, sich ohne dasselbe zu behelfen oder es mit mehr Umsicht anzuwenden. Und häufig ist es gerade die fixe Idee, daß ein Rezept gefunden werden muß, an das man sich klammern kann, die einen vom rechten Weg abbringt.

5

Die Kunst, das Leichte zu erkennen

Es ist oft eine schwierige Sache, die Dinge zu erkennen, die sich leicht ausführen lassen, d. h. es fertigzubringen, in dem ganzen Komplex der Gegebenheiten einer Aufgabe diejenigen zu erkennen, die genügen, um die Aufgabe anzusetzen, oder die gestatten, den Ansatz in mehreren leicht auszuführenden, aufeinanderfolgenden Schritten aufzustellen.
Hier ist ein sehr einfaches (einem mathematischen Wettbewerb entnommenes) Beispiel: *Ein gegebenes Dreieck ist mittels einer Zickzacklinie in 5 Teile mit gleichem Flächeninhalt zu zerlegen* (s. Fig. 8). Die Sache ist sehr einfach,

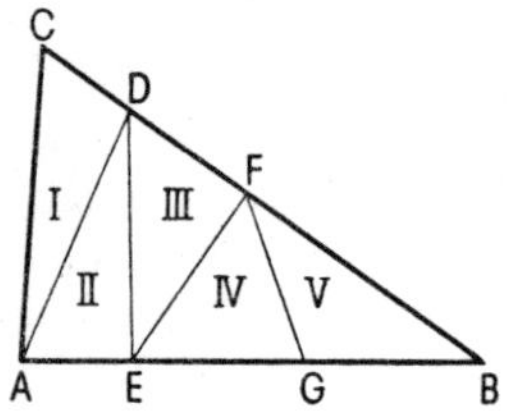

Fig. 8

wenn man zuerst nur an das Dreieck I denkt, das $^1/_5$ des gegebenen betragen soll, so daß es genügt, den Punkt D so zu wählen, daß CD $^1/_5$ der Seite CB beträgt[5]). Indem wir auf dieselbe Art fortfahren, muß das Dreieck II $^1/_4$ des übriggebliebenen betragen, so daß AE gleich $^1/_4$ AB zu nehmen ist; dann müssen wir F so wählen, daß DF $^1/_3$ von DB beträgt, und schließlich G so, daß EG gleich der Hälfte von EB ist. (Es wäre dagegen nicht möglich, mit dem Dreieck V anzufangen und im umgekehrten Sinn vorzugehen.)

[5]) Es sollte überflüssig sein, an das Verfahren zu erinnern, nach dem eine Strecke in gleiche Teile oder in vorgeschriebener Proportion geteilt wird (wie es für die Teilung der Strecken in der gegenwärtigen Aufgabe benützt wird und wieder in der Aufgabe von Kap. 12 benützt werden wird); wir werden über dieses Verfahren (das auf dem ersten Strahlensatz beruht) noch in Kapitel 15 (vgl. Fig. 46) aus anderen Gründen sprechen, die dann den Anlaß dazu geben, darüber zu diskutieren, ob diese Methode oder die Methode, die Längen zu berechnen und zu messen, vorzuziehen ist.

Achtung, Gefahr: ein Grashalm!

Die scheinbare Schwierigkeit, welche die Lösung dieser Aufgabe bietet, beruht darauf, daß die meisten Schüler nicht fähig sind, von der Betrachtung einer Aufgabe als eines einheitlichen Ganzen loszukommen, aus der sich in unserem Fall die Tendenz ergibt, ‹Regeln für eine Zickzackeinteilung› zu suchen oder das ganze Unternehmen von vornherein aufzugeben, wissend, daß man keine solchen Regeln gelernt hat.
Die Schwierigkeit beruht ferner darauf, sich vorzustellen, ‹Mathematik können› bedeute, daß man sofort bis in das kleinste Detail wisse, wie man die Aufgabe anzupacken und was man zu tun habe. Statt dessen muß man fähig sein, über die gegebenen Daten nachzudenken und zu versuchen (mit mehr oder weniger Erfolg), etwas Vernünftiges über das Ganze auszusagen, mag es viel oder wenig sein.
Und letzten Endes beruht die Schwierigkeit auf der Gewohnheit, sich vorzustellen, ‹Mathematik verstehen› bedeute, daß man in der Lage sei, eine Folge von kleinen Übergängen (wie das Auflösen von Klammern, das Übertragen eines Gliedes einer Gleichung von einer Seite auf die andere unter Vorzeichenwechsel usw.) auszuführen, ihre Richtigkeit zu kontrollieren und auf diese Weise die Gültigkeit des erhaltenen Ergebnisses (des Beweises eines Lehrsatzes oder der Ermittlung eines numerischen Resultats) zu bestätigen. Wer jedoch auf diese Weise zu der Lösung einer Aufgabe gelangt, indem er jeden einzelnen Folgerungsschritt gleichsam erzwungenermaßen, als seien ihm logische Daumenschrauben angelegt, anerkennt, aber den allen einzelnen Schritten zugrunde liegenden Gedankengang völlig unbeachtet läßt, der ist weit

von dem Wesentlichen entfernt, dem Wertvollen, worauf es wirklich ankommt, nämlich die Bedeutung der Frage zu ergründen und sich eben Rechenschaft abzulegen über den Gedankengang, der es ermöglicht, diese Bedeutung zu erfassen und sich mit ihr auseinanderzusetzen. Danach, aber erst danach, erlangt dann das mehr mechanische Verfahren seine Wichtigkeit, denn um alle Bedenken zu beheben, muß man sich aus wissenschaftlicher Gewissenhaftigkeit von der Richtigkeit des erhaltenen Ergebnisses überzeugen, indem man geduldig eben diese formalen Übergänge ausführt, die, wie es scheint, zuweilen für das Wesen der Mathematik gehalten werden.
Auf der Grundlage einer so verzerrten Auffassung von der Mathematik wirkt ihr Studium geradezu hinderlich anstatt fördernd in bezug auf mathematisches Verständnis. Leider kommt es häufig vor, daß man sieht, wie auch Universitätsstudenten ‹über einen Grashalm stolpern›; daß man sagen muß: ‹Passen Sie auf, die Sache ist einfach; als Kind hätten Sie sie gewiß gelöst; versuchen Sie, direkt daran zu denken, wie Sie es damals gemacht hätten.› Statt dessen fährt der Student aber fort, ohne Sinn und Verstand herumzufuchteln, um aus der Rumpelkammer seines Gedächtnisses großartige Begriffe der ‹höheren Mathematik› und bedeutende Theoreme und magische Formeln herauszufischen, in der Hoffnung, etwas Gutes zu erwischen und damit zu imponieren, ganz wie der Zauberer, der ein Kaninchen aus seinem Zylinder herausholt.
Gute Beispiele für die Unfähigkeit der meisten Studenten und Schüler, die Dinge direkt zu sehen, finden sich in den Bemerkungen von Gymnasiasten, die an mathematischen Wettbewerben teilnehmen, wo in einem Fall gesagt wurde, man könne eine Aufgabe, in der vierte Potenzen vorkamen, nicht lösen, ‹weil vierte Potenzen im Unterricht nicht durchgenommen worden seien›, und in einem anderen Fall, man könne eine Aufgabe, in der ein Kreisring vorkam, nicht lösen, wieder ‹weil Kreisringe im Unterricht nicht durchgenommen worden seien›, als ob jeder Spezialfall eine eigene ‹Theorie› verlange.
Die Notwendigkeit, Schritt für Schritt vorzugehen und auf diese Weise Verirrungen vorzubeugen und zu erkennen, mit welchem Schritt man beginnen könnte, ist natürlich bei wirklichen Problemen größer als bei schulmäßigen; immerhin ist es auch bei diesen nicht selten, daß sich ein Schüler in Schwierigkeiten befindet, weil er angesichts eines womöglich komplizierten Komplexes von Daten und Fragen nicht weiß, wo er anfangen soll. Man muß sich überlegen: ‹Wo stehen wir?› (was ist uns als gegeben bekannt?), ‹Wo müssen wir hingelangen?› (um die gestellten Fragen zu beantworten) und ‹Wie können wir diesem Ziel näherkommen?›. Wenn man diese Fragen ignoriert, so geschieht es häufig, daß man Formeln anwendet und manipuliert – wohl auf richtige Weise, aber ohne Leitgedanken –, so daß man gleichsam ziellos ohne Kompaß umherstreicht, um oft zu guter Letzt wieder da anzulangen, von wo man ausgegangen war.
Aber nehmen wir unsere Erläuterungen an Beispielen wieder auf und beginnen wir damit, eine weitere Betrachtung über den zuletzt behandelten Fall anzustellen (Fig. 8), die zeigen soll, daß es fruchtbar ist (wie das in Kap. 2 zur Sprache kam), über mögliche Varianten einer Aufgabe nachzudenken. Vorerst beachte man einmal, daß das Verfahren, das in der ursprünglichen Aufgabe benützt wurde, anwendbar bleibt, wenn die Flächeninhalte (5 oder gleichgültig wie viele) der verschiedenen Stücke anstatt gleich zu sein in einem gegebenen Verhältnis zueinander stehen sollen; es möge z. B. verlangt werden, daß die Flächeninhalte der Dreiecke II, III, IV und V bzw. den doppelten, dreifachen, vierfachen und fünffachen Wert des Flächeninhaltes des Dreiecks I haben sollen. Der Gesamtinhalt ergibt sich dann als der Inhalt von I multipliziert

mit $1+2+3+4+5=15$[6]). Es genügt daher, auf dieselbe Art wie im ursprünglichen Problem vorzugehen, indem man jedoch jetzt dem Teilstück I $^{1}/_{15}$ des Gesamtinhalts, dem Teilstück II $^{2}/_{14}$ des restlichen Inhalts, Teilstück III dann $^{3}/_{12}$ des neuen restlichen Inhalts (nach Abspaltung von I und II) und entsprechend IV und V die Werte von $^{4}/_{9}$ bzw. $^{5}/_{9}$ des dann jeweils noch vorhandenen Flächeninhalts erteilt. Es genügt natürlich, $CD = {}^{1}/_{15}$ von CB, $AE = {}^{1}/_{7}$ von AB, $DF = {}^{1}/_{4}$ von DB, $EG = {}^{4}/_{9}$ von EB zu nehmen.

Wird diese Aufgabe gestellt, die allgemeiner ist als die ursprünglich betrachtete, so ist es ersichtlicherweise entsprechend nötiger, damit zu beginnen, daß man sie in vereinfachende Schritte zerlegt. Dabei handelt es sich um zwei Schritte: Erst die Teilinhalte zu bestimmen, dann einzusehen, daß man die Teilstücke eins nach dem anderen konstruieren und mit I anfangen muß.

Eine weitere im Hinblick auf Verallgemeinerungen nützliche Bemerkung (die gestattet, das im Fall der Figur 8 Gelernte auf analoge Fälle anzuwenden) ist die folgende. Derselbe Gedanke und dasselbe Verfahren wie in Figur 8 bleiben auch für andere Aufteilungsschemas gültig, sofern diese, wie das von Figur 8, zulassen, daß man *ein Stück nach dem anderen* konstruiert. Das trifft z.B. für die Figuren 9 und 10 (in der von der Numerierung festgelegten Reihenfolge I–II–III–IV–V) zu. Im Fall der Figur 11 gestattet das Verfahren hingegen nur die Konstruktion von drei Stücken, nämlich von (I + II + III) zusammen und von IV und V. Das Problem, das Dreieck (I + II + III) in drei Dreiecke mit vorgeschriebenen Flächeninhalten zu zerlegen, indem man ihre gemeinsame Ecke P passend wählt, ist ein Problem anderer Art als das vorhergehende. Wir nehmen es in Kapitel 12 wieder auf und werden dabei finden, daß sich weitere fruchtbare Begriffe auf geeignete Weise daran erläutern lassen.

Fig. 9

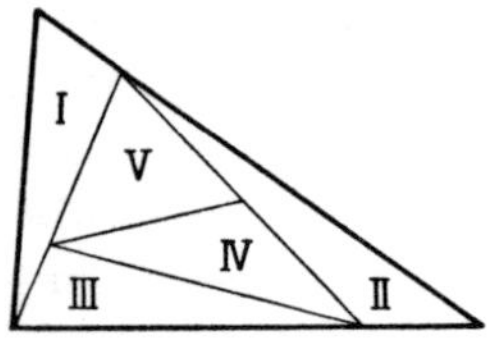

Fig. 10

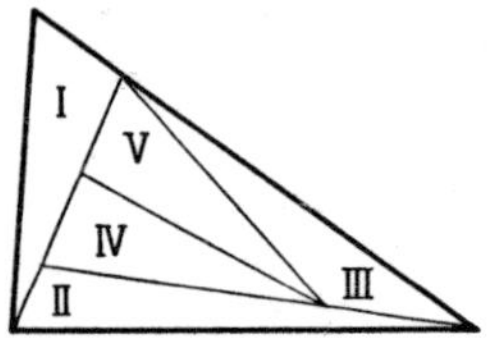

Fig. 11

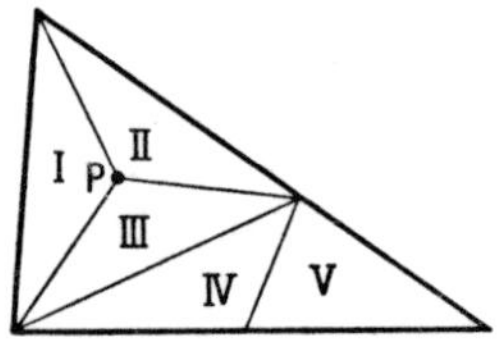

Eine gespannte Schnur

Wir weisen noch kurz auf ein paar Beispiele hin, die jeder nach seinem Belieben weiterverfolgen kann.

[6]) Bei dieser Gelegenheit kann man auch die Richtigkeit der in Fußnote 2 auf Seite 10 gegebenen Formel kontrollieren und feststellen, daß 15 wirklich $= {}^{1}/_{2} \cdot 5 \cdot (5+1)$ ist; es ist zweifellos überflüssig, das zu tun, aber die Gewohnheit, sich Begriffe und Resultate aus verschiedenen Gebieten (wie hier ‹arithmetischen Folgen› und ‹Geometrie›) ins Gedächtnis zu rufen, sie miteinander zu verknüpfen und gelegentlich auch in Verbindung miteinander anzuwenden, ist ein wirksames Training zur Vermeidung von Scheuklappen. Man wird aus den Dingen, die man gelernt hat, wenig Nutzen ziehen und wird sie schnell vergessen, wenn man sie, scharf voneinander getrennt, gleichsam mit Scheuklappen betrachtet. Diese Trennung ist ein gefährlicher Kristallisationseffekt der üblichen Einteilung in Haupt- und Nebenfächer (Arithmetik, Geometrie, Algebra usw.), die bis zu einem gewissen Grad im Interesse pädagogischer Bequemlichkeit getroffen wird, die jeder aber für sich persönlich überwinden sollte, indem er die weit verstreuten und armseligen Fetzen zu einem sinnvollen Gesamtbild vereinigt.

Was hat eine gespannte Schnur nicht alles zu sagen! Wir geben im folgenden einiges davon wieder (und später mehr).

Eine andere in einem Wettbewerb gestellte Aufgabe betraf eine Kurve, die auf ähnliche Weise wie die Ellipse erzeugt wird.

Falls es jemand nicht wissen sollte, sei hier gleich gesagt, daß die Ellipse eine Kurve ist, die man erhält, wenn man einen Kreis in Schrägansicht betrachtet (Beispiel: die Photographie eines kreisförmigen Beckens oder eines Rades) oder indem man einen Kreiszylinder schief schneidet (Beispiele: eine Scheibe Salami oder der Schatten einer Kugel). Die Ellipse genießt eine Eigenschaft, die sich auf die durch Figur 12 angedeutete Weise zu ihrer Konstruktion verwenden läßt. Es existieren zwei Punkte, F_1 und F_2, die Brennpunkte genannt, derart, daß die Summe der Entfernungen von den Brennpunkten für alle der Ellipse angehörigen Punkte die gleiche ist.

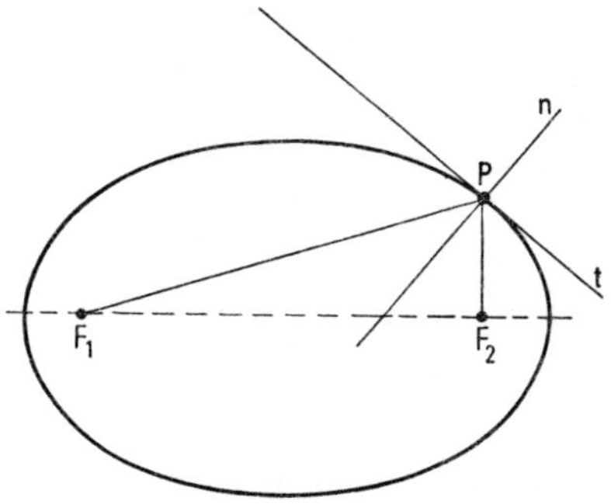

Fig. 12

Wenn man in den Brennpunkten Nägel einschlägt und an diesen eine Schnur befestigt, die im gespannten Zustand gerade bis zu irgendeinem Punkt der Ellipse reicht, so kann man die Ellipse nachzeichnen, indem man mit seinem Bleistift die Schnur gespannt hält.

In dem fraglichen Problem waren es indessen vier Nägel, an den Ecken eines Quadrats angebracht. Es genügt, sich zu überlegen, daß die Schnur natürlich immer nur zwischen je zwei Nägeln und dem Bleistift gespannt bleiben kann (wie Fig. 13 das zeigt), um zu begreifen, daß die Kurve aus Ellipsenstücken bestehen wird, und es ist nicht schwer zu erkennen, auf welche Art. Statt dessen stellten sich viele der Wettbewerbsteilnehmer vor, da vier Nägel gegeben seien, müsse es sich um etwas ganz Neues handeln; dabei bestand der erste einfache Schritt lediglich darin, einen Umstand zu beachten, der einem unmöglich

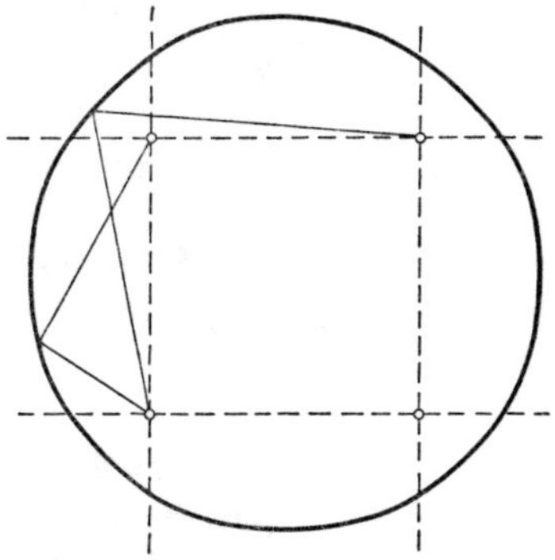

Fig. 13

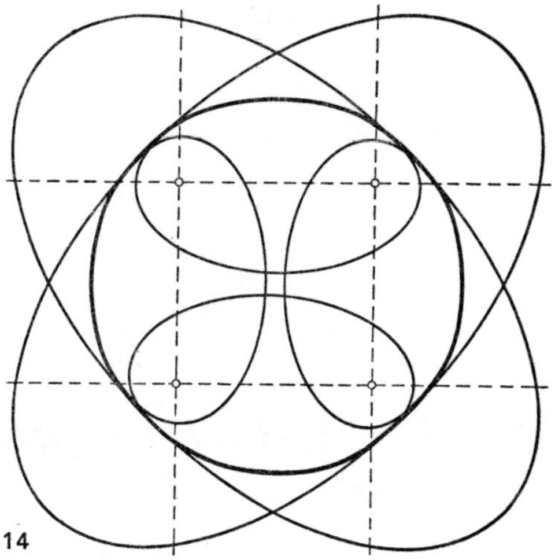

Fig. 14

nicht in die Augen springen kann, wenn man sich konkret die Situation der zwischen den Nägeln und dem Bleistift gespannten Schnur vorstellt.

Betrachten wir nun noch ein Beispiel, das Figur 15 erläutert. Beim Billardspielen wollen wir eine im Punkt A befindliche Kugel so stoßen, daß sie nach zweimaliger Reflexion an

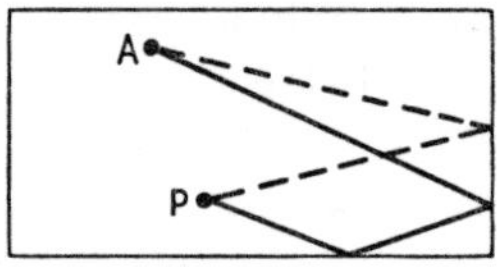

Fig. 15

den Banden eine im Punkt P befindliche Kugel trifft (wie es die voll ausgezogene Linie zeigt)[7]. In welcher Richtung (d.h. nach welchem Punkt der ersten Bande hin) müssen wir zielen?

Wenn wir die Kugel in P mittels *einer einzigen* Reflexion (gestrichelte Linie) treffen wollen, so ist es klar, daß es genügt, nach ihrem Spiegelbild zu zielen (nach dem Spiegelbild, das man erhalten würde, wenn die Bande ein Spiegel wäre); siehe Figur 16. Aber in Figur 16 zeigt sich jetzt auch klar, daß wir, bei Wiederholung desselben Kunstgriffs, in P'' das Spiegelbild des Spiegelbildes erhalten würden und daß die Antwort auf die Frage, wie gezielt werden muß, lautet: Es genügt,

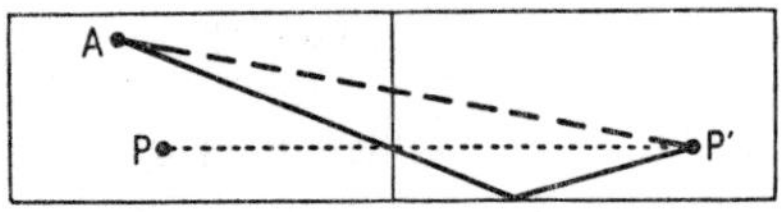

Fig. 16

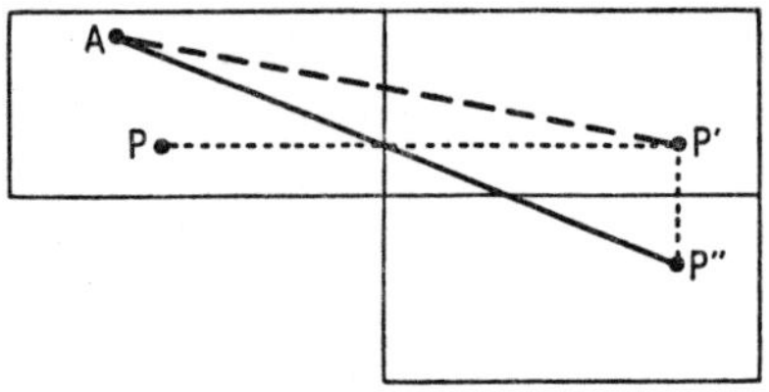

Fig. 17

wenn man von A in der Richtung nach P'' zielt. Dieses Verfahren läßt sich auf weitere Punkte P''', P'''',... ausdehnen durch Bahnen, die sich aus 3, 4, ... Reflexionen zusammensetzen.

Wenn man Schritt für Schritt vorgeht, wird alles augenfällig, während es recht unwahrscheinlich ist, daß man den richtigen Weg erkannt hätte, wenn man direkt einen komplizierten Fall dieses Beispiels als Ganzes in Angriff genommen hätte.

Die schrittweise Erweiterung eines Ergebnisses stellt eine Methode dar, die, sei es in der Praxis oder in der Theorie, von fundamentaler Wichtigkeit ist: Es ist die Methode der *vollständigen Induktion* (auf die wir in Kap. 10 zurückkommen).

[7]) Wir betrachten die Reflexionsgesetze als bekannt und gültig; wir werden übrigens Ursache haben, im nächsten Kapitel, Kapitel 6, auf sie zurückzukommen. Wir wollen jedoch gleich daran erinnern, daß dieselben Gesetze auch für einen Lichtstrahl gelten und die Lage einer von A über den Rand nach P geführten, *gespannt gehaltenen Schnur* bestimmen.

6

Die Kunst, die konkreten Dinge zu sehen

Unter den einfachen Dingen, deren Sehen oft Schwierigkeiten macht, verlangen die konkreten Dinge besondere Erwähnung.

Wir beziehen uns auf Dinge, die für jeden unverkennbar wären, wenn er es nicht verschmähte, an das zu denken, was zu bekannt ist, was zum täglichen Leben gehört und was darum nicht für würdig befunden wird, sich mit durch ihre Abstraktheit großartigen Begriffen zu vermischen, aus Angst, es könnte diese verseuchen. Diese Einstellung beruht auf Überheblichkeit, und Überheblichkeit ist immer etwas Törichtes. Die Abstraktionen sind vervollständigende Ergänzungen des grundlegenden, konkreten, wohlbekannten, alltäglichen, anschaulichen Wissens; Ergänzungen, die wohl zuweilen einen ebenso grundlegenden, aber schärfer gefaßten Wert haben können (doch muß man ihn prüfen und klären), aber zuweilen auch auf unfruchtbare Haarspalterei herauskommen.

Noch immer die gespannte Schnur

Das aufschlußreichste Beispiel ist vielleicht das folgende. Eine in einem mathematischen Wettbewerb gestellte Aufgabe verlangte für ihre Lösung im wesentlichen eine Vorstellung davon, wie eine Schnur sich einem Kegel anlegt, wenn sie mittels einer Schlinge auf die Spitze des Kegels aufgefädelt und nach unten hin (z.B. durch ein Gewicht) gespannt gehalten wird, wie Figur 18 das zeigt. Keinem der (etwa 250) Bewerber gelang die Lösung. Die besten zeichneten sich durch Gedankenansätze aus, die richtig oder doch vernünftig waren (aber nicht ausreichten, um zu dem exakten Ergebnis zu führen). Vielleicht war es nicht so sinnfällig, daß die Schnur sich der

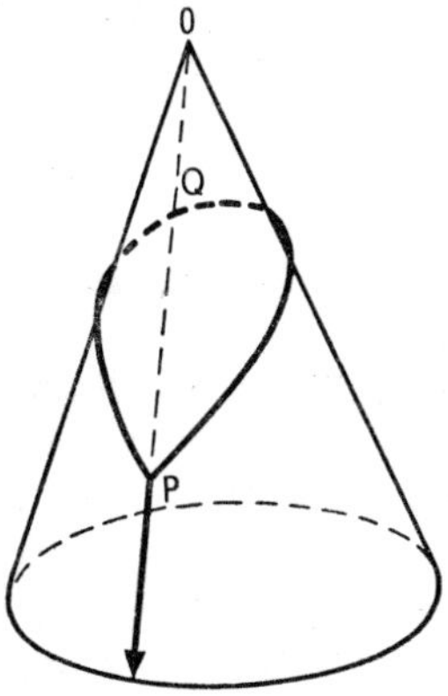

Fig. 18

kürzesten Linie (oder wie man sagt, der ‹geodätischen Linie›) entsprechend um den Kegel legt und daß die kürzeste Linie die Gerade ist, d.h. die Linie, die zu einer Geraden wird, wenn man den Kegelmantel aufschneidet und auf eine Ebene ausbreitet. (Figur 19 zeigt den aufgeschnittenen und auf eine Ebene ausgebreiteten Kegelmantel; die Punkte P' und P'' entsprechen dem Punkt P, wenn man sich den Kegelmantel als längs der durch P verlaufenden Erzeugenden aufgeschnitten vorstellt: die Strecke $P'P''$ wird, wenn man den Mantel wieder zum Kegel zusammenrollt, die Schlinge PQP).

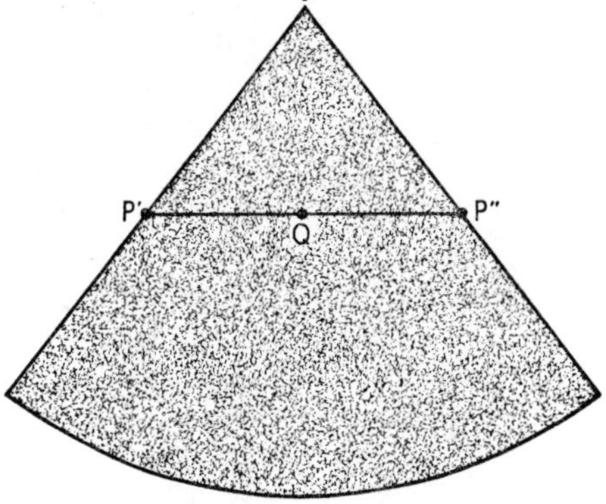

Fig. 19

Doch, die Sache lag auf der Hand. Wahrscheinlich hatten alle oder fast alle, die nicht auf die Lösung kamen, sich als Kinder aus Papier oder Karton Kegel gemacht (Trichter, Kapuzen, Kartuschen) und hatten sie vom Krämer auf dem Dorf und vom Maronenverkäufer auf der Straße machen sehen. Dächte ein Junge, wenn er auf der Schule von Kegeln (und ähnlichen Dingen) sprechen hört, doch bloß an wirkliche Kegel und vervollständigte durch die neuen theoretischen Begriffe, die ihm geboten werden, das viele, was er über Kegel bereits im Kindergarten gelernt hat! Statt dessen verbannt er solche Begriffe in den Limbus der auf der Schule gelernten Abstraktionen, die von vornherein dazu bestimmt sind, so schnell wie irgend möglich in den Rauchfang geschrieben zu werden. So steht der Junge schließlich unwissender da als zuvor. Er hat den Schatz des in den ersten Lebensjahren entwickelten natürlichen Verständnisses für die konkreten Dinge verschleudert und aus den begrifflichen, von der Schule gebotenen Dingen keinen Gewinn gezogen, denn er hat sie, ohne wirklich etwas daraus zu lernen, in leeres Füllwerk ohne dauernden Wert verwandelt.

Verstehen heißt verknüpfen

Wir wiederholen nochmals die Mahnung, auf deren Dringlichkeit alles, was wir sagen, hinzielt. Man muß das, was man auf der Schule lernt, assimilieren und befestigen, und jeder Schüler kann es fertigbringen, daß er durch das Gelernte bereichert wird und nicht daran erstickt. Es genügt, daß er die abstrakten Dinge konkret macht, indem er sie mit dem, was er sieht und weiß, in Zusammenhang bringt; daß er durch aktives Nachdenken belebt, was verknöchertes und pedantisches Wissen zu sein scheint; daß er durch Verknüpfen und Vergleichen in einer einheitlichen Synthese zusammenschließt, was ihm an Zusammenhanglosem und in Fetzen Zerstückeltem begegnet, in Fetzen, die auf unsinnige Weise selbstgenügsam sein wollen.

In einem anderen Bild ausgedrückt, sind all die einzelnen Dinge, die man (auf der Schule oder anderswo) lernt, nützlich als Teilstücke, aus denen man sich eine wirkungskräftige intellektuelle Maschine einbauen kann; aber sie sind eben nur nützlich im Hinblick auf die Durchführung und das Ausmaß einer solchen Verwendung.

Was würdet ihr dazu sagen, wenn jemand sich die Teile kaufte, die dazu gehören, um ein Automobil (oder einen Radioapparat oder auch nur ein Spielzeug) zusammenzusetzen, und sie unbenutzt aufhöbe, entweder nachlässig im Durcheinander oder in schönster Ordnung in einem Glasschrank ausgestellt? Darum wiederholen wir: Verstehen heißt verknüpfen, zusammenfügen, in Zusammenhang bringen.

Das gilt für die verschiedenen Fächer der Mathematik, für die Mathematik innerhalb der anderen Naturwissenschaften und für die Naturwissenschaften innerhalb der anderen Wissensgebiete. Wir haben hier Gesichtspunkte besprochen, die verschiedene Gebiete und Methoden der Mathematik selbst betreffen, und werden das in der Hauptsache auch in Zukunft weiter so halten. Aber jetzt ist vielleicht der Moment, um an einem Beispiel zu zeigen, wie fruchtbar (ich möchte sagen notwendig) es ist, Begriffe aus anderen Wissenschaften heranzuziehen, um mathematische Probleme klarer zu sehen. Was die Umkehrung betrifft (die Nützlichkeit oder Notwendigkeit der Mathematik für die anderen Naturwissenschaften), so liegt die Sache zu sehr auf der Hand, als daß man ein Wort darüber verlieren müßte.

Um zu erläutern, wie nützlich Begriffe aus anderen Naturwissenschaften, besonders aus der Physik, sind, um mathematische Probleme verständlich zu machen, können wir uns darauf beschränken, von einem höchst banalen Fall zu sprechen, immer wieder von der *gespannten Schnur*, einem Fall, der sich jedoch als reich an Interpretations- und Anwendungsmöglichkeiten erweisen wird. (In diesem Zusammenhang könnte man sagen, wenn es keine Physik gäbe, so müßten die Mathematiker *eine abstrakte Physik erfinden* als Teil und wichtigstes Hilfsmittel der abstrakten Mathematik.)

Und wieder die gespannte Schnur

Wir nehmen an, daß auf eine zwischen zwei Punkten A und B gespannte Schnur keine Hindernisse wirken (und auch keine Kräfte; z.B. sei die Schnur gewichtlos, d.h. praktisch gesprochen, daß das Gewicht der Schnur im Vergleich zu ihrer Spannung vernachlässigt werden kann). Eine solche Schnur legt sich der geraden Strecke AB an, welche ihrerseits die kürzeste Verbindungslinie der beiden Punkte ist. In analoger Weise wird die Schnur, wenn sie eine Gerade berühren soll – konkret gesprochen, wenn sie über einen geradlinigen, starren Draht geführt werden soll (s. Fig. 20, vgl. auch die Fußnote auf S. 20) –, noch immer dem kürzesten Weg folgen, demjenigen, für welchen die beiden Teile der Schnur mit der Geraden gleiche Winkel bilden. Es ist ohne weiteres ersichtlich, daß der von A nach B über irgendeinen Punkt (C, D, ...) der Geraden durchlaufene Weg dem von A über denselben Punkt der Geraden nach B' durchlau-

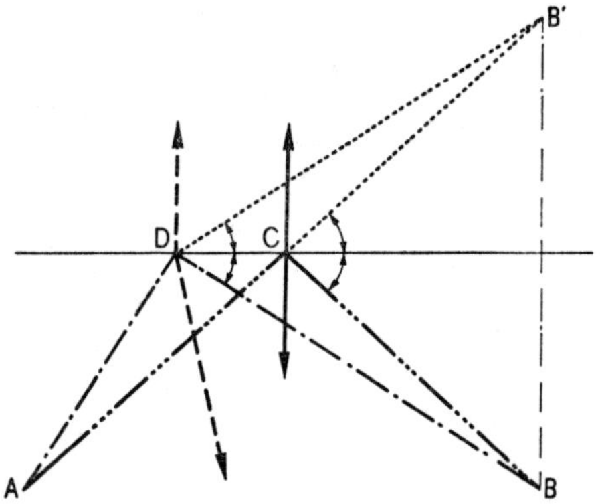

Fig. 20

fenen gleich ist. Der kürzeste Weg ist der durch den Punkt *C*, der mit *A* und *B'* auf einer Geraden liegt, und für diesen sind die Winkel gleich, wie sich aus der Symmetrie der Figur ergibt. Die Notwendigkeit einer solchen Symmetrie ergibt sich auch klar aus einem physikalischen Grund (wobei wir uns darauf beschränken, ihn nur anzudeuten): Die Schnur wäre auf dem Draht nicht im Gleichgewicht, wenn sie in *D* über ihn geführt würde (sie würde nach *C* hin gleiten), weil die Resultante der (gleichen) Spannungen in den beiden Schnurstücken schräg zu der Geraden gerichtet wäre (in der Richtung der Winkelhalbierenden, wie aus Symmetriegründen sinnfällig ist). Nur in *C* wirken die Spannungen in einem rechten Winkel auf den Draht und werden somit durch die Reaktion des Drahtes selbst aufgehoben (angenommen, daß er sich nicht biegt und nicht bricht).

Diese Überlegung bleibt für den Fall des Billards gültig (Fig. 15, 16, 17), ob man (mit geeigneter Anpassung) an den ‹Weg von Lichtstrahlen› oder den ‹Weg von Billardkugeln› denkt. Aber sie dient unter anderem auch dazu, zu zeigen, daß für die Ellipse (Fig. 12) die Tangente in einem beliebigen Punkt *P* diejenige Gerade ist, die auf der Winkelhalbierenden des Winkels, der von den Verbindungslinien des Punktes *P* mit den Brennpunkten gebildet wird, senkrecht steht. (Einfacher ausgedrückt: Die Tangente ist diejenige Gerade, die gleiche Winkel bildet mit den beiden Teilen der Schnur, die von den Nägeln nach dem in *P* befindlichen Bleistift gehen.) In der Tat ist *P* auf dieser Geraden derjenige Punkt, für den der Weg $F_1P\,F_2$ der kürzeste ist; kein anderer Punkt der Geraden ist daher mit der Schnur zu erreichen, d. h., alle anderen Punkte der Geraden liegen außerhalb der Ellipse. Die Gerade berührt also die Ellipse im Punkt *P* (ohne sie zu schneiden) und ist daher die Tangente (ÜP, 3)[8]).

Auf Figur 20 zurückgreifend, kann man den Fall betrachten, in dem die Punkte *A* und *B* mit der Geraden (dem starren Draht) nicht in einer Ebene liegen; es ändert sich nichts, abgesehen davon, daß man *B'* aus *B* durch eine Drehung erhält, die von dem gestreckten Winkel im ursprünglichen Fall verschieden ist; siehe Figur 21, die in Figur 20 übergeht, wenn die beiden Halbebenen, die *A* und *B* enthalten, zusammenfallen. Es läßt sich

[8]) Diese Eigenschaft charakterisiert die Tangente für den Kreis und für die Ellipse und im allgemeinen für die geläufigsten Kurven; ausgenommen sind Wendepunkte (wie die Mitte einer S-förmigen Kurve) und Eckpunkte (wie der Scheitel einer V-förmigen Kurve) usw. Es handelt sich hier nicht darum, diesem Thema auf den Grund zu gehen; wir haben es angeschnitten, weil das Beispiel aufschlußreich und verständlich erschien, ohne daß man sich auf allzu große Feinheiten einlassen mußte.
Wir benützen diese Gelegenheit, um dem Leser zu empfehlen, sich im großen und ganzen keine Sorgen zu machen und sich nicht entmutigen zu lassen, wenn es ihm nicht gelingt, jedes Beispiel und vor allem jeden angedeuteten und nur umrissenen Begriff zu verstehen (oder mit genügender Klarheit zu verstehen). Andeutungen sind notwendigerweise summarisch und erheben keinen Anspruch darauf, mehr als den *Keim* einer Erklärung geben zu können; beim Nachdenken über solche Andeutungen und den Zusammenhang, in dem sie stehen, kann es dann oft geschehen, daß der Keim befruchtend wirkt und bei einer zweiten Lektüre das verständlich macht, was es bei der ersten nicht war. Aber es ist nicht notwendig, daß dies eintritt; im Gegenfall begnüge man sich damit, zu begreifen, was man kann, und die Lehre – die ‹Moral› – zu beherzigen, die dahintersteckt.

weiter der allgemeinere Fall betrachten, in dem die zwischen A und B gespannte Schnur

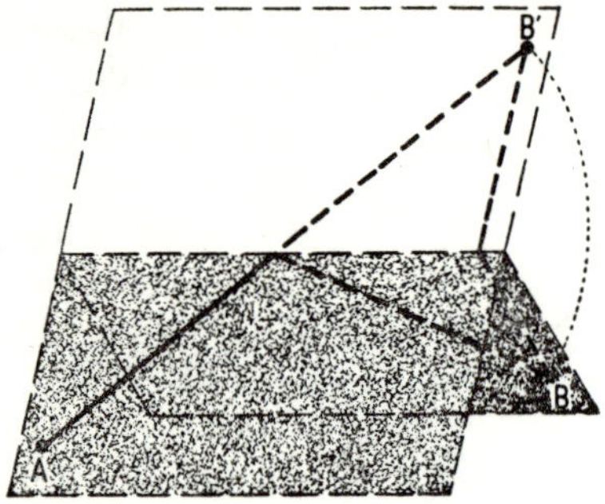

Fig. 21

über mehrere Geraden geführt wird oder sich um ein Polyeder legt; offensichtlich ergibt es sich, daß die Schnur, wenn sie sich über eine Kante legt, mit dieser auf beiden Seiten immer gleiche Winkel bilden muß. Es wäre eine weitere Variante, gewundene anstatt geradlinige Drähte zu betrachten; alles würde sich so verhalten, als ob wir es in dem Punkt P, in dem die Schnur sich über den Draht legt, mit dem geradlinigen *tangierenden* Draht anstatt mit dem gewundenen zu tun hätten usw. (ÜP, 4).

Was ist eine geodätische Linie?

Gehen wir direkt zu dem Fall über, in dem sich die Schnur einer Fläche anlegt wie z.B. dem Kegel zu Beginn dieses Kapitels. Die kürzeste Linie, die zwei Punkte A und B der Fläche verbindet und dabei auf der Fläche bleibt (die sogenannte geodätische Linie), ist diejenige, welche von der sich der Fläche anlegenden, zwischen A und B gespannten Schnur beschrieben wird. Die Fläche (wie früher die Gerade oder der ‹Draht›) kann nur in einer zu ihrer Oberfläche senkrechten Richtung reagieren. Wäre die Resultante der Spannungen in der Schnur nicht zu der Oberfläche senkrecht, so würde die Schnur sich auf der Fläche gleitend verschieben, und es bestünde kein Gleichgewicht.

Es ist nicht angezeigt, hier zu versuchen, wenn auch nur auf anschauliche Weise, die angedeuteten Begriffe (‹Schmiegebene› und ‹Hauptnormale› einer Raumkurve) zu erklären; es würde zu weit führen, das auch nur mit annehmbarer Klarheit zu tun. Es ist jedoch der Mühe wert, darauf aufmerksam zu machen, daß viele der Teilnehmer an jenem Wettbewerb, auch ohne diese Begriffe zu kennen, ein genaues anschauliches Bild davon hatten, was für eine geometrisch-physikalische Situation tatsächlich vorliegt. Sie erkannten es in dem besonderen Fall der Seitenansicht der Figur; von der Seite gesehen, muß die Schlinge in ihrem Endpunkt, ihrem höchsten Punkt Q, als zu der Kegelerzeugenden durch diesen Punkt *senkrecht* erscheinen (wie in Fig. 22; andernfalls, wie z.B. in Fig. 23, würde sie sich, auf dem Kegel gleitend, verschieben, in dem Bestreben, die rechtwinklige Lage zu erreichen). Im wesentlichen ist dieses Verhalten dasselbe wie dasjenige, in welchem sich die

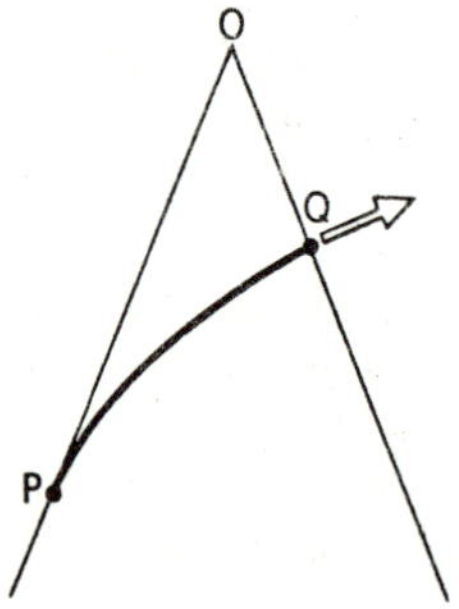

Fig. 22

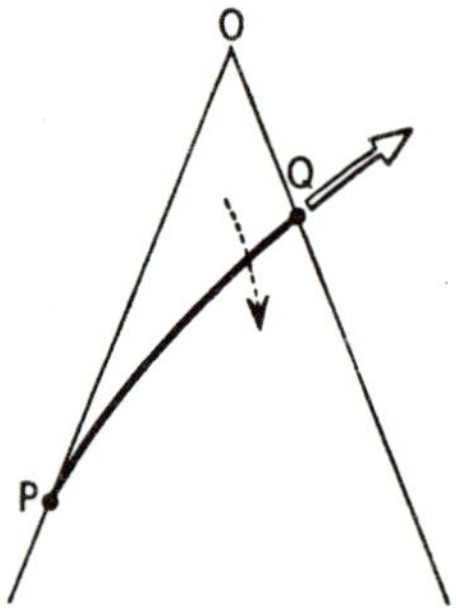

Fig. 23

obenerwähnte physikalische Forderung der kürzesten Entfernung ausdrückt, ein Verhalten, das man in jedem Punkt der Schnur feststellen kann, wenn man sie, wie hier in Q, *längs ihrer Tangente* betrachtet.
Ein unmittelbar anschaulicher Fall, der eine einfache Erläuterung des Begriffs der geodätischen Linien abgibt, ist die Kugel: Auf einer Kugel sind die geodätischen Linien die Großkreise (die Kreise, welche die Kugel in Hälften teilen). In der Tat stellen sich diese

Kreise in Seitenansicht als die Durchmesser des Kugelumrisses dar und stehen also auf diesem senkrecht; die Kreise, die keine Großkreise sind, stellen sich hingegen als Sehnen (die keine Durchmesser sind) dar und treffen somit unter einem schiefen Winkel auf den Kugelumriß auf (und sind keine geodätischen Linien).

Es gäbe zu diesem Thema wie zu unzähligen anderen noch zu erwähnenden viel hinzuzufügen, was geeignet wäre, die Wichtigkeit des konkreten Sehens mathematischer Probleme zu erläutern, insbesondere des Sehens mathemathischer Probleme mit einem Gefühl für Physik. Wenn wir aber viele Themen berühren wollen und viele Anregungen vermitteln, müssen wir uns auf bloße Hinweise beschränken und darauf verzichten, uns bei jedem Thema so lange aufzuhalten, wie nötig wäre, um ein Verständnis davon zu vermitteln, das nicht nur einführend ist.

Auf der Erde erreicht der Großkreisbogen, der zwei Punkte gleicher Breite wie z.B. (ungefähr) Rom und New York verbindet, auf halbem Weg den dem Pol am nächsten gelegenen Punkt. Es erscheint auf den ersten Blick verwunderlich, daß ein Flugzeug (oder entsprechend auf dem Meer ein Schiff oder in einer ebenen Wüste das passende Fahrzeug), wenn es die Flugbahn zwischen zwei auf demselben Parallelkreis liegenden Punkten antritt, erst (auf unserer Hälfte der Erdkugel) den Kurs nach Norden einschlägt und sich später nach Süden wendet, um zu dem Parallelkreis zurückzukehren (angenommen, daß keine anderen Erwägungen den Kurs beeinflussen). Aber dieses Verhalten erscheint nur darum verwunderlich, weil wir an die Darstellung der Erdoberfläche durch geographische Karten gewöhnt sind, in denen die gekrümmte Erdoberfläche notwendigerweise auf irgendeine Art verzerrt wird und die Parallelkreise häufig als gerade Linien erscheinen. Dies gilt z.B. für die ‹Merkatorprojektion›, die viel bei Kartogrammen (z.B. von Flugbahnnetzen usw.) verwendet wird. Tafel 1 zeigt die Bahnen, welchen man folgen müßte, wenn man sich, von Rom ausgehend, immer längs einer ‹geraden Linie› (tatsächlich längs eines Großkreises) fortbewegen wollte, d.h. die kürzesten

Tafel 1

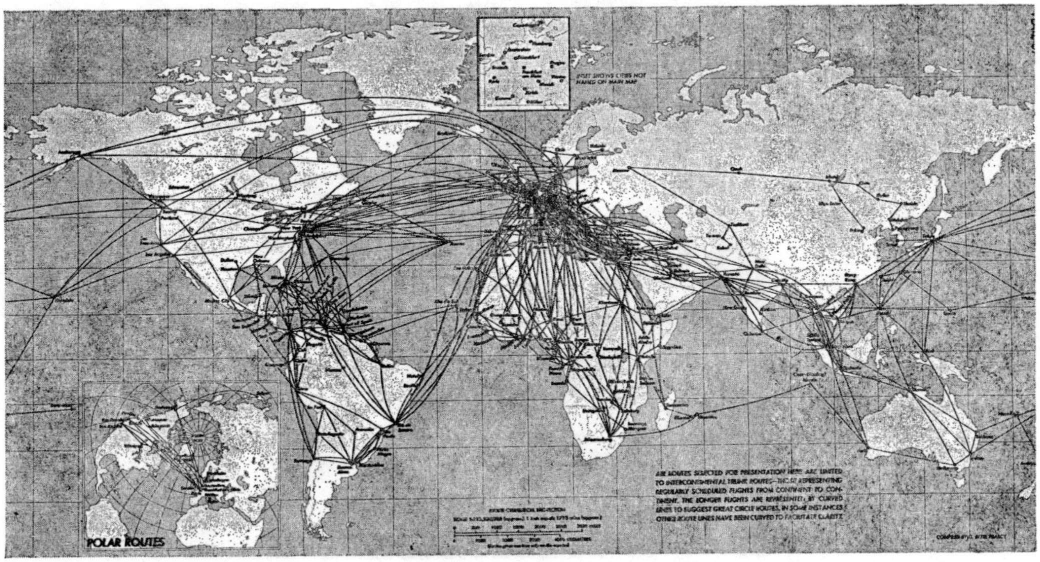

Wege, um von Rom aus irgendeinen Punkt der Erde zu erreichen. Es lohnt sich, die verschiedenen Fälle auf einer geographischen Karte zu studieren, (z.B. die Routen von Rom nach Neuseeland oder nach Tokio), sie auf einem Globus nachzuprüfen und über die Fragen nachzudenken, die einem dabei einfallen.

Auf Tafel 2 sieht man die Bahnen von ‹Gemini V›, die während seines Fluges im Jahr 1965 auf einem Bildschirm aufgenommen wurden. (Wegen der Umdrehung der Erde liegt hier keine geodätische Linie vor, die ohne Veränderung unbegrenzt als immer wieder durchlaufen erscheinen würde (ÜP, 5).)

Tafel 2

7

Die Kunst, die ökonomischen Aspekte zu sehen

Die physikalischen Gesetze, denen wir begegnet sind, lassen sich wie viele andere im Sinne der ‹Ökonomie›, der ‹Wirtschaftlichkeit›, der ‹Sparsamkeit› interpretieren. Das Charakteristische an diesen Gesetzen ist, daß die Billardkugel bzw. der Lichtstrahl bzw. die Schnur automatisch dem kürzesten Weg zwischen Ausgangs- und Endpunkt folgt. Die Natur dieser Gesetze ist nichts Sporadisches oder Zufälliges; auch die kompliziertesten physikalischen Zusammenhänge lassen sich häufig auf solche ‹Minimumsprinzipien› zurückführen, und es ist eben die Mathematik, die (mit Hilfe sehr viel fortgeschrittenerer Verfahren) gestattet, Prinzipien dieser Art zu formulieren und ihre Gültigkeit zu beweisen.

Im wesentlichen bezeichnet man als Probleme der Ökonomie oder Wirtschaftlichkeit solche, bei denen unter gegebenen Bedingungen die *günstigste Lösung* gesucht wird: die Lösung, welche die Kosten oder die aufzuwendende Zeit oder die zu durchlaufende Entfernung usw. zu einem *Minimum* macht. (Wenn es sich um Profit, Produktionsumfang usw. handelt, genügt es, Minimum durch *Maximum* zu ersetzen.) Probleme dieser Art sind oft von großer Bedeutung (für die Ökonomie eines Einzelnen oder eines Betriebs oder eines Landes); aber hier ist nicht der Platz, sich damit zu beschäftigen. Für unsere Zwecke genügt es, sich zum Bewußtsein zu bringen, bis zu welchem Grad auch durch solche Betrachtungen von Aspekten und Interpretationen ökonomischer Natur Begriffe und Methoden der Mathematik auf handgreifliche Weise an Konkretheit und Fruchtbarkeit gewinnen.

Alte Vorurteile, die schwer sterben und leicht unter neuer Maske wieder auferstehen, betrachten als wertvoll nur die ‹reine› Mathematik, die wie eine Treibhauspflanze aus purer intellektueller Neugier gezüchtet wird. Als verachtenswürdig und von dieser streng getrennt zu halten gilt nach diesen Vorurteilen die Mathematik, die auf ökonomische Anwendungen zugeschnitten ist; und als kaum weniger verachtenswürdig gilt die auf andere Naturwissenschaften, auf das Ingenieurwesen und auf die Technik angewandte Mathematik. Und doch würde die Mathematik recht arm erscheinen, wenn man sie alles dessen beraubte, was wir hier vorbringen mit der Absicht, ein Gefühl der Würdigung zu erwecken für die Fruchtbarkeit der Anregungen, mit denen sie durch die Vielfalt und den Reichtum konkreter Interpretationen auf unser ganzes Denken wirkt.

Abgesehen von ihren Anwendungen auf ökonomische Probleme hat die Mathematik an sich ‹ökonomische Finalität›, insofern sie für jedes Problem die tauglichsten Hilfsmittel erforscht sowie die Methoden, diese Hilfsmittel zu systematisieren und darzustellen. Im übrigen hat die ganze Naturwissenschaft (vor allem nach Mach, Vailati, Dewey usw.) die ökonomische Finalität, uns die einfachste und gelegenste theoretische Erfassung dessen, was uns umgibt, zu liefern.

Wir werden uns darauf beschränken, einen einzigen wichtigen Begriff mittels dreier verschiedener Anwendungen zu erläutern. (Im Hinblick darauf, daß unser Ziel bloße Erläuterung ist, werden wir diese Anwendungen auf die einfachste Weise schematisieren, ohne uns um Präzisierungen und Modifikationen zu kümmern, die dazu beitragen würden, die aufgestellten Beispiele wirklichkeitstreuer zu machen.)

Ist eine Preisermäßigung angebracht?

Nehmen wir an, einer Firma, die täglich 300 Stück eines ihrer Produkte mit einem Gewinn von 2000 Lire pro Stück verkauft, sei bekannt, daß für jede 5 Lire, um die der Preis (und damit der Gewinn) herabgesetzt wird, der

Verkauf um ein Stück zunimmt. Ist es nun angebracht, den Preis zu ermäßigen, ihn zu erhöhen oder ihn auf seinem Stand zu belassen?
Man könnte den tatsächlichen Gewinn (L. 2000 × 300) mit einigen Varianten vergleichen (z.B. L. 1995 × 301, 1990 × 302 usw. oder 2005 × 299 usw.); aber es ist einfacher, die Plus- und Minusdifferenzen für eine Variation von L. 5 zu betrachten. Eine Herabsetzung des Preises um L. 5 verursacht einen Verlust von L. 5 bei jedem der 300 verkauften Stücke und trägt einen Gewinn von L. 1995 für das neue zusätzliche Stück ein; wir haben also einen Reingewinn von L. 1995 – 1500 = 495. Wenn man auf diese Weise im Sinn einer Grenznutzenbetrachtung die Plus- und Minusdifferenzen vergleicht, die eine Preisvariation in bezug auf jedes einzelne Stück (im allgemeinen eine sehr kleine Variation) bewirkt, so erhält man eine Basis für die Entscheidung, in welcher Richtung man vorzugehen hat; der Punkt, bei dem man haltmachen muß, ist der, in dem sich die Plus- und Minusdifferenzen ausgleichen, d.h. die Summe 0 ergeben.
Angenommen, daß das Gesagte für jede Preisvariation gilt, so ergibt sich das Folgende:
bei dem niedrigsten Preis (Selbstkostenpreis) erhält man:
Anzahl der verkauften Stücke = 700 (= 300 + 2000/5),
Gewinn pro Stück = 0;
bei dem höchsten Preis (niemand kauft) erhält man:
Anzahl der verkauften Stücke = 0,
Gewinn pro Stück = L. 3500 (= 2000 + 300 × 5);
in der mittleren Situation erhält man:
Anzahl der verkauften Stücke = 350 = $^1/_2$ (0 + 700),
Gewinn pro Stück = L. 1750 [= $^1/_2$ (3500 + 0)], also den *höchsten Totalgewinn.*
Da in der Tat 1745 – 350 × 5 = – 5 ist, während 1750 – 349 × 5 = + 5 ist, erweist es sich als angebracht, den Preis von 1755 auf 1750 zu reduzieren, aber nicht mehr von 1750 auf 1745. Und der erlangte Schluß behält seine Gültigkeit, solange die Proportionalität zwischen der Herabsetzung des Preises und der Zunahme der Verkaufszahl bis zu dem als Lösung gefundenen Punkt (wenn auch nicht bis zu den äußersten Werten) bestehenbleibt. Geometrisch gründet sich die obige Ableitung auf die Tatsache, daß unter allen Rechtecken von gleichem Umfang das Quadrat den größten Flächeninhalt hat; in Kapitel 9 und in Kapitel 11 werden wir diese Tatsache beweisen und ihren Zusammenhang mit dem gegenwärtigen Problem klarlegen.
Andere Beispiele aus derselben Ideensphäre finden sich später im Text: in Kapitel 11, wo es sich um die Minimalkosten für Warenvorräte handelt, und in Kapitel 17, wo es sich bei dem ‹Problem des Zeitungsverkäufers› um Anschaffungen handelt, die mit einem Risiko verbunden sind. Wir können an diesen späteren Stellen gewisse Betrachtungen über das gegenwärtige Thema wieder aufnehmen und sie verbinden mit Hinweisen auf die wichtigen Aspekte, die Fragen der Wahrscheinlichkeit und Statistik involvieren.

Wie läßt sich der Weg verkürzen?

Die beiden anderen Beispiele kann man als ökonomisch-geometrisch bezeichnen. Sie bestehen beide darin, eine Summe von Entfernungen zu einem Minimum zu machen, z.B. die Gesamtstrecke, die eine Gruppe von Kindern auf ihren jeweiligen Schulwegen zurücklegen muß. In einem Fall handelt es sich darum, die Baustelle für eine Schule zu wählen, die drei Dörfer bedienen soll; im anderen darum, die Schüler im Hinblick auf ihren Wohnsitz auf zwei verschiedene Schulen zu verteilen. In beiden Fällen ersetzen wir die tatsächlichen Entfernungen durch die betreffenden Luftlinien; in konkreten Fällen müßte man sich natürlich mit den Entfernungen auf angelegten Straßen und der von Verkehrsmitteln beanspruchten Zeit und anderem mehr befassen.

Im ersten Fall nehmen wir vorläufig an, die drei Dörfer hätten ungefähr die gleiche Zahl von Einwohnern und die gleiche Zahl von Schülern. (Den allgemeinen Fall wollen wir erst in Kap. 12, s. Fig. 40, betrachten, einmal, um unser Beispiel jetzt nicht zu belasten, und dann, weil sich später noch weitere Überlegungen daran anschließen lassen.) Es handelt sich in unserem Fall also darum, den Punkt P zu finden, für den die Summe der drei Entfernungen, $\overline{AP} + \overline{BP} + \overline{CP}$ (s. Fig. 24) ein

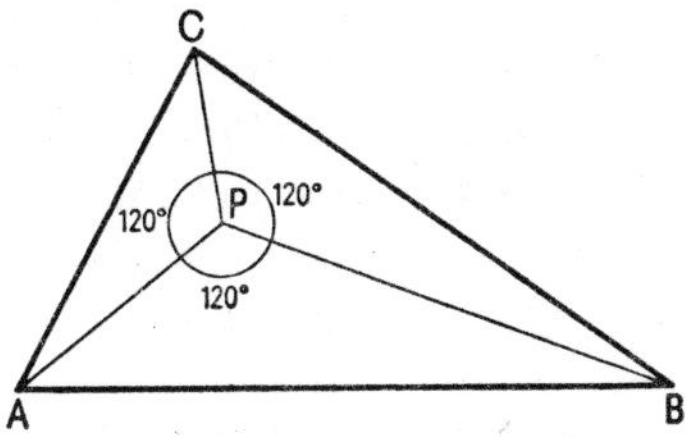

Fig. 24

Minimum ist; oder, mit einer anderen Interpretation, den Knotenpunkt P, in dem man drei Straßenzüge zusammenführen müßte, um A, B und C mit dem geringsten Kostenaufwand zu verbinden. (Angenommen, daß die Kosten nur von der Länge der Entfernungen abhängen und keine Schwierigkeit besteht, die Straßen geradlinig anzulegen usw.)

Die Lösung liegt auf der Hand, wenn man die Aufgabe mechanisch interpretiert. Stellen wir uns vor, die drei Straßen seien unausdehnbare Schnüre, die in dem frei beweglichen Punkt P zusammengeknüpft, die bzw. in A, B und C über Rollen geführt und an deren Endpunkten A', B' und C' gleiche Gewichte befestigt seien. Das System der Gewichte ist im Gleichgewicht, wenn seine potentielle Energie ein Minimum ist. Das bedeutet, daß $\overline{A'A} + \overline{B'B} + \overline{C'C}$ ein Maximum sein muß, und da die Gesamtlänge $(\overline{A'A} + \overline{B'B} + \overline{C'C}) + (\overline{AP} + \overline{BP} + \overline{CP})$ konstant ist, bedeutet das wiederum, daß $\overline{AP} + \overline{BP} + \overline{CP}$ ein Minimum sein muß. Die neue mechanische Aufgabe ist also mit der ursprünglichen bezüglich der Straßen identisch. Die Lösung dieser mechanischen Aufgabe ist aber unmittelbar ersichtlich. Da die drei auf P längs AP, BP und CP wirkenden Kräfte gleich sind, liegt die Resultante je zweier dieser Kräfte auf der Winkelhalbierenden des von ihnen gebildeten Winkels; und da diese Resultierende der dritten Kraft gleich und ihr entgegengesetzt gerichtet sein muß, liegt somit jede der drei Strecken PA, PB und PC auf der Winkelhalbierenden der beiden anderen. Daraus ergibt sich sofort, daß je zwei der drei Strecken in P einen Winkel von 120° bilden.

In ökonomischer Sprache ausgedrückt: Hätte man eine von P, wo die drei Winkel gleich sind, verschiedene Lage für den Knotenpunkt gewählt, so hätte man sparen können, indem man den Knotenpunkt in der Richtung der Resultante der drei hypothetischen Kräfte verschoben hätte, weil die Kostenzunahme durch die Verlängerung von einer (oder von zweien) der drei Strecken mehr als kompensiert worden wäre durch die Ersparnis, welche die Verkürzung der beiden (oder der einen) anderen herbeigeführt hätte. Außerhalb von P besteht daher kein Gleichgewicht zwischen dem positiven und negativen ‹Grenznutzen› (wie es bei den Ökonomen heißt)[9].

Diese Betrachtungen von *Grenznutzen* schließen einen Begriff ein, der jedem geläufig sein sollte und den man sich gegenwärtig halten muß, wenn es sich um Fragen des *Gleichgewichts* oder der Herstellung eines *Optimums* handelt. Wir werden diesem Begriff in vielen Beispielen begegnen, aber das folgende, zwar banale, doch grundlegende Beispiel sollte genügen, um ihn dem Leser fest einzuprägen. Die Tatsache, daß jemand eine ganz be-

[9]) Im Normalfall fällt der Punkt P in das Innere des Dreiecks ABC, und wir werden in Kapitel 12 zeigen (s. Fig. 39), wie man ihn konstruiert. Hat das Dreieck aber, sagen wir im Eckpunkt A, einen Winkel, der größer oder gleich 120° ist, so fällt P, statt wie im Normalfall in das Innere des Dreiecks, in den Punkt A, so daß sich die Strecke BAC als die kürzeste ergibt.

stimmte Menge einer Ware und nicht mehr konsumiert, bedeutet, daß bis zu diesem Punkt jedes Stück oder jeder Teil der Menge ihm einen Genuß bereitet, der die Kosten überwiegt, während darüber hinaus der Genuß unter die Kosten herabsinkt (und der Betreffende es vorzieht, diesen Betrag zu sparen oder anders zu verwenden).

Ähnliche Überlegungen werden in der Mechanik angestellt (man spricht hier von *virtuellen Verschiebungen*) und sind überall gültig. Es handelt sich tatsächlich um Anwendungen eines einzigen mathematischen Prinzips, das darin besteht, die Wirkung kleiner Abweichungen (von einem gegebenen Wert oder von der gegebenen Lage eines Punktes oder von einer gegebenen ‹Situation›) zu analysieren. Es muß aber darauf aufmerksam gemacht werden, daß solche Überlegungen genügen, um die *relativen Maxima*, jedoch nicht das *absolute Maximum* zu ermitteln. Wenn wir uns von dem Punkt aus, in dem wir uns befinden, nicht aufwärts, sondern nur abwärts fortbewegen können, so heißt das, daß wir auf der Spitze eines Berges stehen, aber es ist nicht gesagt, daß es nicht noch höhere Spitzen gibt. In unserem Beispiel kann es geschehen, daß derjenige, der auf die bestmögliche Weise die Menge der besagten Ware gewählt hat, anders und besser gewählt hätte, wenn er sich überlegt hätte, daß es vielleicht eine andere Ware gibt, welche die von ihm gewählte jedenfalls zum Teil ersetzen könnte.

Im zweiten Beispiel betrachten wir einen Bezirk, der zwei in den Punkten A und B gelegene Schulen hat, deren gemeinsames Fassungsvermögen der Anzahl der Schüler gleich ist. Wir kennen den Wohnort jedes Kindes, und wir teilen die gesamten Wohnorte in zwei Zonen A' und B' ein, derart, daß ein in A' bzw. B' wohnendes Kind die Schule A bzw. B besucht, und zwar wollen wir die Einteilung so treffen, daß die Summe sämtlicher von den Kindern zurückzulegender Schulwege ein Minimum ist. (Auf wenig realistische Weise betrachten wir die Schulwege als geradlinig, anstatt daß sie sich nach dem vorhandenen Straßennetz richten.)

In diesem Zusammenhang treten neue Kurven auf, die auf sehr ähnliche Weise wie die Ellipse definiert werden, die *Hyperbeln*. Auch bei diesen gibt es zwei *Brennpunkte* (sie entsprechen hier den Schulen A und B), aber anstatt der Summe der Entfernungen wie im Fall der Ellipse (s. Fig. 12) bleibt im Fall der Hyperbel *die Differenz der Entfernungen* eines Punktes der Kurve *von den beiden Brennpunkten* konstant (s. Fig. 25). Wie diese Figur zeigt, besteht eine Hyperbel aus zwei Zweigen; die Differenz zwischen den Entfernungen eines Punktes der Hyperbel von den beiden Brennpunkten ist für die Punkte des einen Zweiges, hier des rechten, positiv und negativ für die Punkte des anderen Zweiges, hat aber, vom Vorzeichen abgesehen, in beiden Fällen denselben Wert. Hierbei wird vorausgesetzt, daß die Differenz immer in bezug auf dieselbe Reihenfolge der Brennpunkte genommen wird, in unserem Fall PF_1-PF_2.

Es gibt für die Hyperbel keine mechanische Konstruktion einer ähnlichen Art wie für die Ellipse[10]).

Unter den Hyperbelzweigen mit den Brenn-

[10]) Auf etwas heiklere Weise könnte man es mit der von Figur 26 an die Hand gegebenen Konstruktion probieren (wer Lust hat, möge sie als Übungsaufgabe zu interpretieren und sich klarzumachen versuchen). Die beiden Enden einer Schnur sind zusammengeknüpft, und der Bleistift hält die um in den Brennpunkten und zwei anderen Punkten befindliche Nägel gelegte und durch ein Gewicht beschwerte Schnur gespannt. Diese Konstruktion ist ausdrücklich für den Leser dieses Buches erdacht und angegeben worden, im Hinblick auf die gerade im Text gemachte Behauptung, daß es für die Hyperbel keine geläufige mechanische Konstruktion gibt. Die Hinzufügung dieser Fußnote zum Text hat nicht den Zweck, die angegebene Konstruktion als etwas an sich Interessantes hinzustellen, sondern sie will zeigen, wie sich jeder (auch jeder von euch), wenn er sich die Sache ein bißchen überlegt, in einem ähnlichen Fall eine entsprechende Konstruktion ausdenken könnte und sollte.

punkten A und B (s. Fig. 42, welche eine Familie von Hyperbeln mit denselben Brennpunkten darstellt) wählen wir denjenigen, welcher die Eigenschaft hat, daß er die gesamten Punkte, die den Wohnsitzen der Schüler entsprechen, in zwei Gruppen, tatsächlich die gesuchten Zonen A' und B' auf solche Weise teilt, daß auf seiner den Brennpunkt A bzw. B enthaltenden Seite ebensoviele Punkte liegen, wie das Fassungsvermögen der Schule A bzw. B beträgt[11]).

Beachten wir zunächst, daß jeder Schüler nur dann in die ihm am nächsten gelegene Schule gehen würde, wenn es sich um den Grenzfall handelte, in welchem der Hyperbelzweig mit der Symmetrieachse der Strecke AB zusammenfällt (dem Sonderfall der Hyperbel mit der Differenz 0). In jedem anderen Fall müssen alle die Schüler, deren Wohnsitze in dem Gebiet zwischen dieser Symmetrieachse und dem in die gesuchten Zonen teilenden Hyperbelzweig liegen, in die weiter entfernte Schule gehen. Dies trifft z.B. in Figur 27 für P zu. Um zu zeigen, daß der Hyperbelzweig tatsächlich die optimale Verteilung herbeiführt (optimal in dem Sinn, daß die Gesamtsumme der Schulwege zu einem Minimum wird), genügt es, sich folgendes klarzumachen. Wenn wir im Widerspruch zu der von dem Hyperbelzweig geforderten Verteilung der Schüler einen Schüler der Zone A', z.B. P, der Schule B zuweisen, so müssen wir notwendigerweise einen Schüler der Zone B', sagen wir Q, der Schule A zuweisen. Diese Änderung in der Verteilung der Schüler auf die beiden Schulen bedeutet für P einen Vorteil: Sein Weg wird um $\overline{PA}-\overline{PB}$ kürzer; sie bedeutet für Q einen Nachteil: Sein Weg wird um $\overline{QA}-\overline{QB}$ länger. Sie bedeutet aber auch für die Gesamtsumme der Schulwege einen Nachteil, denn die Differenz zwischen den Entfernungen eines beliebigen Punktes von A und B ist für einen Punkt Q auf der rechten Seite des Hyperbelzweiges definitionsgemäß größer als für einen auf der linken Seite dieses Zweiges gelegenen Punkt P (ÜP, 6).

[11]) In Wirklichkeit ist dieser Hyperbelzweig nicht eindeutig bestimmt; er ist einfach einer von denen, welche die beschriebene Zoneneinteilung bewerkstelligen. Er wäre eindeutig nur in dem Fall, in welchem zwei oder noch mehr Schüler zufällig auf demselben Hyperbelzweig wohnten; diese müßten dann, gleichgültig wie, nur mit Rücksicht auf das Fassungsvermögen der Schulen auf diese verteilt werden.

8
Über Sonderfälle nachdenken

An diesem Punkt angelangt, müssen wir unsere Aufmerksamkeit einigen Fragen von systematischem Charakter zuwenden. In dem gegenwärtigen Kapitel und in den beiden folgenden kommt es darauf an, sich zu überlegen, auf welche Weise die ‹Kunst des Sehens› (wie sie an den Beispielen, die uns schon begegnet sind, und an späteren exemplifiziert wird) dazu dient, auch den Sinn der allgemeinen, systematischen, in Formeln niedergelegten Methoden der Mathematik besser zu erkennen; im allgemeinen erscheinen diese Methoden dem Schüler widerwärtig und schwer zugänglich, weniger durch ihre eigene Schuld als durch die unselige, leere, willkürliche, rein formale Weise, auf die sie gewöhnlich dem Schüler dargeboten werden. Denkt man über sie nach und erkennt man ihren Sinn, so kann man sich davon überzeugen, daß der *Teufel* (die aus Formeln bestehende Mathematik) nicht so bösartig ist wie ihn... ja, seine Anbeter erscheinen lassen; sondern daß es ein lieber, guter Teufel ist, der in hochherziger Weise eine Hand ausstreckt, um uns

zu helfen, unseren Weg auf zweckmäßigere und dazu noch oft unterhaltende Weise zu verfolgen.
Wir haben damit begonnen (Kap. 1) zu sagen, daß man vor allem Phantasie haben muß und daß man nur mit ihrer Hilfe jedes Beispiel und jedes Problem richtig sehen kann. Wir haben dann gesehen, wie die Phantasie beim weiteren Nachdenken über die Dinge uns um Einsichten und Ideen bereichert, die sich auf mehrere Beispiele beziehen, die diese Beispiele miteinander in Verbindung bringen und die so selbst eine umfassendere Bedeutung erhalten. Wenn sich eine Idee als besonders wichtig und als auf Fälle erheblicher Allgemeinheit anwendbar erweist, warum sie sich

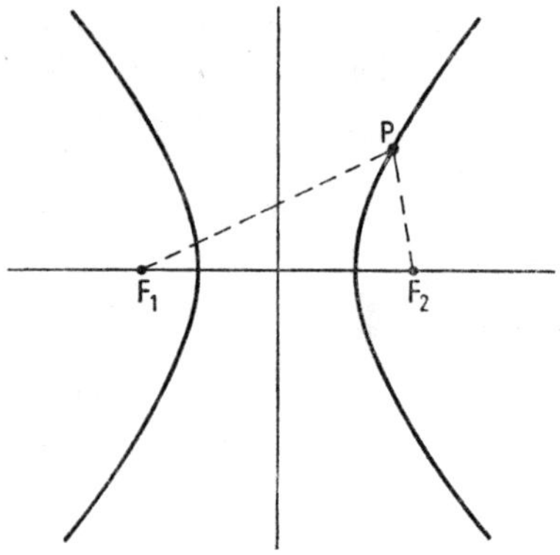

Fig. 25

dann nicht in Gestalt einer präzisen Formulierung, sei es als handliche Regel, als zweckmäßige Übereinkunft oder geradezu als Theorie besser einprägen (oder, warum auch das nicht, zu Papier bringen)?
Es genügt, dies alles, Regel, Übereinkunft, Theorie, als Fortsetzung der vorhergehenden Überlegungen zu betrachten, als Fortsetzung, die man systematisch erfaßt und niederlegt, insofern weitere Überlegungen derselben Art dies als nützlich erscheinen lassen. Man darf jedoch das so systematisch Erfaßte und Niedergelegte nicht als etwas vom Himmel Gefallenes oder aus der Fabrik der Schullehrpläne Entsprungenes betrachten.

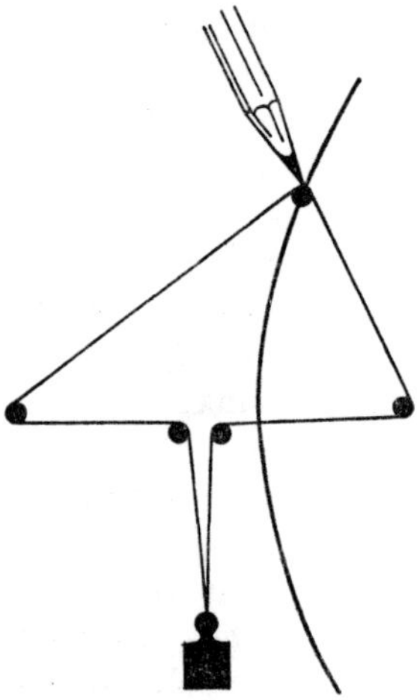
Fig. 26

Das Folgende kann als eine erste Regel bei der Betrachtung einer mathematischen Situation gelten: Man sei vor allem darauf bedacht, sich mit Hilfe der Untersuchung von Spezialfällen und speziellen Bedingungen zu orientieren. Grundlegend als Vertreter dieser Regel ist das als **Reductio ad absurdum** (Zurückführen auf etwas Widersinniges) bekannte Beweisverfahren. Nach diesem Verfahren beweist man, daß eine gewisse Hypothese nicht gilt, dadurch, daß man einen Spezialfall ausfindig macht, der in den Geltungsbereich der Hypothese fällt, in dem die Hypothese aber nicht gilt.

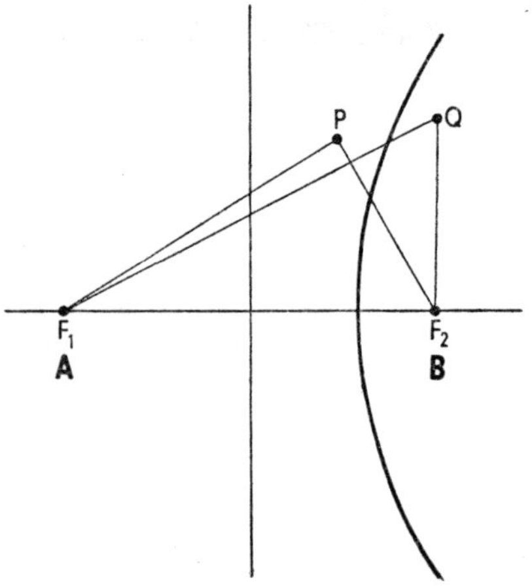

Fig. 27

Noch ehe wir ausdrücklich von Beweisen durch Reductio ad absurdum gesprochen hatten, haben wir bereits einen solchen Beweis gegeben. Im letzten Beispiel von Kapitel 7, wo es sich um die Zuweisung der Schüler an die beiden Schulen A und B handelte, wurde die Hypothese, daß die durch die Hyperbel hergestellte Verteilung nicht die beste ist, durch ein gegenteiliges Beispiel (mit P und Q) widerlegt. Wenn dieses Beispiel verständlich war, so heißt das, daß das Beweisverfahren intuitiv überzeugend wirkte. Auch die folgenden Beispiele werden einfache Anwendungen der Beweisführung durch Reductio ad absurdum sein, wenn es auch vielleicht forciert erscheint, sie als solche zu betrachten. Aber sie werden immerhin einen Begriff davon vermitteln, wie die Betrachtung von Spezialfällen dazu dienen kann, einen einsehen zu lassen, daß ein Verhalten, welches möglich oder auf Grund falscher Intuition plausibel oder sogar sicher schien, tatsächlich nicht statthaben kann. Wir beschränken uns auf den Hinweis, daß die Natur und die Anwendung und die Bedeutung dieser Art der Beweisführung auf fortgeschritteneren und schwierigeren Gebieten einen viel tieferen und umfassenderen Charakter annehmen.
Wir kehren zu dem Beispiel des Kegels zurück (s. Kap. 6, Fig. 18 und 19 und dann 22 und 23). Von den Teilnehmern an dem mathematischen Wettbewerb haben viele die Seitenansicht gezeichnet (wie in Fig. 22 und 23), aber sie haben die Seitenansicht der Schlinge geradlinig wiedergegeben (d.h. die Linie PQ als gerade Strecke erscheinen lassen). Dies würde jedoch bedeuten, daß der Seitenriß der Schlinge *eben* ist; aber dann hätte die Schlinge die Form einer Ellipse (das müßte auch für den klar sein, der noch nicht auf der Schule gelernt hat, daß ein ebener Schnitt eines Kegels eine Ellipse ist) und könnte darum in P keinen Eckpunkt haben, den sie offensichtlich haben muß, da dort ein Gewicht befestigt ist (vgl. Fig. 18). Diese banale Beobachtung hätte nicht nur genügt, um den Fehler in der Zeichnung zu vermeiden, sondern hätte zugleich zu der Einsicht geführt, daß der Seitenriß der Schlinge nicht eben sein kann, daß die geodätische Linie keine ebene Kurve ist. ... Bei weiterem Nachdenken hätte man vielleicht den entscheidenden Zugang gefunden und ‹das Ei des Kolumbus› entdeckt (d.h. die in Fig. 19 dargestellte Lösung).

Die Zahlen, die mit der Ziffer... enden

Eine andere in einem mathematischen Wettbewerb gestellte Aufgabe verlangt den Beweis, daß eine Zahl mit zwei oder mehr Ziffern, deren gesamte Ziffern Neuner sind (99, 999, 9999, 99999 usw.), wissenschaftlicher ausgedrückt eine Potenz von 10 minus 1, d.h. eine Zahl der Form $10^k - 1$, keine *Quadratzahl* sein kann (kein vollständiges Quadrat einer ganzen Zahl)[12].
Für eine Zahl, die aus einer geraden Anzahl von Neunern besteht (99, 9999 usw.), müßte einem sofort der Grund in die Augen springen, warum sie keine Quadratzahl sein kann. Fügt man zu einer solchen Zahl 1 hinzu, so erhält man eine Quadratzahl ($99 + 1 = 100 = 10 \times 10 = 10^2$, $9999 + 1 = 10000 = 100 \times 100 = 100^2$ usw.); zwei aufeinanderfolgende Zahlen können aber nicht beide Quadratzahlen sein, weil die Quadratzahlen immer seltener werden, je weiter man in der Folge der ganzen Zahlen

[12]) Die Darstellung der fraglichen Zahl in der Form $10^k - 1$ ist nicht nur der Erscheinung nach wissenschaftlicher, sondern aus dem folgenden wesentlichen Grund. Die erste Eigenschaft, das Bestehen der Zahl aus lauter Neunern, ist unserem besonderen Zahlensystem eigentümlich, in dem wir die Basis 10 benützen, die uns geläufig, aber nicht vor anderen ausgezeichnet ist; bei den Computern, den programmgesteuerten elektronischen Rechenautomaten – wir werden sie häufig kurz Elektronenrechner nennen –, wird vielfach das System zur Basis 2 benützt (s. S. 78). Die zweite Eigenschaft, keine Quadratzahl zu sein, ist hingegen unabhängig von solchen Nebenbedingungen.

fortschreitet (z. B. ist die letzte Quadratzahl vor $100 = 10^2$: $81 = 9^2$, eine Zahl, die erheblich kleiner ist als 99, und so geht es weiter; man beweise dieses Seltenerwerden als Übungsaufgabe allgemein). Aber wie läßt sich beweisen, daß die Behauptung auch für 999, 99999 oder, schlimmer noch, für die Zahl, die aus 1007 Neunern besteht, gilt?

Wer bemerkt hat, daß die Quadrate der 10 Ziffern, nämlich 0, 1, 4, 9, 16, 25, 36, 49, 64, 81, mit 0 oder 1 oder 4 oder 5 oder 6 oder 9 enden (aber nicht mit 2, 3, 7 oder 8), der kann sich überlegen, daß ... die negative Antwort auf der Hand liegt, wenn die Aufgabe z. B. eine mit 7 endende Zahl betrifft. Die letzte Ziffer des Quadrats einer Zahl ist die letzte Ziffer des Quadrats der letzten Ziffer der Zahl und kann daher keine 7 sein. Aus der Tatsache, daß die letzte Ziffer der zu untersuchenden Zahl eine 9 ist, läßt sich nur schließen, daß diese Zahl, falls sie eine Quadratzahl ist, das Quadrat einer mit 3 ($3^2 = 9$) oder mit 7 ($7^2 = 49$) endenden Zahl sein muß. Ist man einmal an diesem Punkt angelangt, so wird man natürlich darauf kommen, daß es genügt zu untersuchen, ob 99 zu den möglichen Endzifferpaaren von Quadraten zweistelliger Zahlen gehört oder nicht... Aber sowie man beginnt, dieser Idee nachzugehen, merkt man, daß dies überflüssig ist. Auf Grund der Formel für das Quadrat eines Binoms (s. Kap. 2) läßt sich jede mit 3 bzw. mit 7 endende Zahl in der Form $a + 3$ bzw. $a + 7$ schreiben, wo a ein Vielfaches von 10 ist; das Quadrat der Zahl lautet in den beiden Fällen

$$(a + 3)^2 = a^2 + 2 \cdot 3 \cdot a + 9,$$
$$(a + 7)^2 = a^2 + 2 \cdot 7 \cdot a + 49;$$

a^2 ist aber ein Vielfaches von 100 und hat daher keinen Einfluß auf die beiden letzten Ziffern der Zahl, und $2a$ (und um so mehr $2 \cdot 3a$ und $2 \cdot 7a$) ist ein Vielfaches von 20, so daß in den obigen Formeln der Beitrag des mittleren Gliedes zu der Zehnerstelle nur eine gerade Zahl sein kann. Da der Beitrag des letzten Gliedes in diesen Formeln 0 bzw. 4 ist, ist die Zehnerziffer des Quadrats einer mit 3 oder 7 endenden Zahl also immer gerade. Es kann also keine Quadratzahl mit 99 enden (ÜP, 7).

Auf allgemeinere Weise kann diese Überlegung die vorangehenden Ergebnisse, die sich nur auf die letzte Ziffer der Zahl beziehen, vervollständigen: eine Quadratzahl endet entweder mit 0, 1, 4, 5 oder 9, und es steht eine *gerade* Zahl an der Zehnerstelle, oder sie endet mit 6, und es steht eine *ungerade* Zahl an der Zehnerstelle. Die einfache Untersuchung der beiden letzten Ziffern einer Zahl genügt also in 70 von 100 Fällen, um die Möglichkeit auszuschließen, daß die Zahl eine Quadratzahl ist. In der Tat gibt es nur 30 mögliche Fälle, in denen eine Zahl eine Quadratzahl sein kann: Sie muß mit einer von 6 Einerziffern enden, und jede von diesen kann in Verbindung mit 5 Zehnerziffern auftreten.

Es ist leicht, solche Überlegungen auszudehnen. So können z.B. 4. Potenzen nur mit 0 oder 1 oder 5 und mit vorangehender gerader Ziffer enden oder auf 6 mit vorangehender ungerader Ziffer. (4 und 9 fallen weg, da sie die Schlußziffern der Quadrate von 2 und 8 bzw. von 3 und 7 sind und diese vier Ziffern nach Obigem nicht als die Schlußziffern von Quadratzahlen vorkommen können.)

Auf Grund ähnlicher Überlegungen kann man leicht, ohne diese Zahl auszurechnen, die Zahl angeben, *von der eine gegebene Zahl eine gewisse Potenz* ist, z.B. die *vierte* oder die *fünfte* Potenz. Mit dem Aufwand von etwas Gedächtniskraft und mit etwas geistiger Behendigkeit ist es theoretisch nicht schwer, das zu tun und sofort die exakte Antwort zu geben (wohlverstanden für Zahlen bis zu einer gewissen Größenordnung, d.h. bis zu einer gewissen Anzahl von Ziffern). Auf diese Weise haben es ‹Rechenkünstler› (darunter vor einigen Jahren ein indisches Mädchen) zu verblüffenden Effekten gebracht und sind als

Phänomene mathematischer Begabung auf der Bühne aufgetreten (ÜP, 8).

Noch allgemeiner läßt sich sagen, daß diese Beispiele auch insofern lehrreich sind, als sie uns an die Hand geben, darauf zu achten, ob ein Ergebnis sich eventuell ableiten läßt, indem *man nur einen ganz einfachen Teil* dessen, was man tatsächlich weiß, *in Betracht zieht*. (Man muß versuchen zu erraten, was dieser Teil sein könnte.) Um die Möglichkeit auszuschließen, daß eine 77ziffrige Zahl, die nur aus Neunern besteht, eine Quadratzahl ist, braucht man z.B., wie wir oben sahen, nicht ihre Wurzel auszuziehen oder sich sonst mit ihren ganzen Ziffern zu befassen, wenn man weiß oder vermutet (und das dann zu beweisen sucht), daß die gesuchte Einsicht allein der Kenntnis der letzten Ziffer oder der beiden letzten Ziffern usw. entnommen werden kann oder in anderen Fällen, der Situation entsprechend, anderen einfachen Umständen.

Der Kalender für eine Fußballmeisterschaft

Es folgt noch ein einfaches Beispiel; es ist dem Gebiet der ‹**Kombinatorik**› entnommen, einem Gebiet, auf dem es sich oft um die Frage handelt, ob sich irgendwelche Dinge auf eine gewisse Art kombinieren lassen. In unserem Fall lautet die Frage: Ist es möglich, einen Kalender für eine Fußballmeisterschaft so auszuarbeiten, daß jede Mannschaft abwechselnd ein Spiel zu Hause und eins auswärts spielt, wobei die Anzahl der Mannschaften eine gerade Zahl sein soll? Man kann sofort mit Nein antworten. Unter den gegebenen Umständen könnten sich zwei Mannschaften, die am ersten Tag beide zu Hause oder beide auswärts spielen, nie gegenüberstehen. Wenn man sich die Sache genauer überlegt, ergibt es sich, daß die Abwechslungsregel höchstens von zwei Mannschaften eingehalten werden könnte, nämlich von einer Mannschaft, die am ersten Tag zu Hause, und von einer, die am ersten Tag auswärts spielt, und daß die Regel von jeder anderen Mannschaft mindestens einmal durchbrochen werden müßte.

Man achte auf das Wort ‹könnte›: Es ist zweideutig und bedarf der Erklärung (wir warnen allgemein vor den Gefahren zweideutiger Ausdrücke). Man kann nur schließen, daß es auf Grund der eben angestellten Überlegung nicht ausgeschlossen ist, daß sich ein Kalender auf solche Weise ausarbeiten läßt, daß die Abwechslungsregel von zwei Mannschaften eingehalten und von jeder anderen nur einmal durchbrochen wird. (Ähnlich kann man, auf das vorhergehende Beispiel zurückgreifend, sagen, es könnten unter den zehn Zahlen 1065, 1165, 1265, 1365, 1465, 1565, 1665, 1765, 1865, 1965 Quadratzahlen vorkommen – da alle diese Zahlen mit 65 enden, ist keine, bis das Gegenteil bewiesen ist, von der Möglichkeit ausgeschlossen, eine Quadratzahl zu sein; aber man kann nicht sagen, daß unter diesen Zahlen Quadratzahlen tatsächlich vorkommen, in dem Sinn, daß man ihr Vorhandensein behauptet.)

Um einzusehen, daß ein Kalender der vorgeschriebenen Art wirklich möglich ist, gibt es nichts Besseres als sich, auf möglichst einfache Weise, einen zu konstruieren. Es genügt z.B., das folgende (wohlbekannte) Schema zu wählen und sich davon zu überzeugen, daß es die vorgeschriebenen Bedingungen erfüllt (s. Fig. 28).

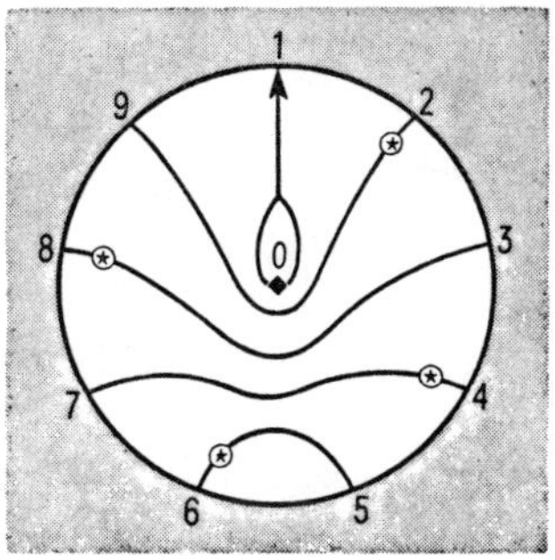

Fig. 28

Wir geben nur ein paar Hinweise, die jeder vervollständigen kann, indem er das Schema studiert. Dieses Schema bezieht sich auf zehn Mannschaften (die mit 0, 1, ..., 9 bezeichnet worden sind), ließe sich aber auf eine beliebige gerade Anzahl anwenden. Die in der Mitte befindliche Scheibe ist drehbar; der von ihrem Mittelpunkt ausgehende Pfeil wird am 1. Tag auf die 1, am 2. auf die 2, ..., am 9. (und letzten) Tag auf die 9 eingestellt. Die Linien, welche zum Pfeil symmetrisch gelegene Punkte verbinden, geben für jeden Tag die Paarung der Mannschaften an derart, daß Mannschaften, die den durch Linien verbundenen Nummern entsprechen, gegeneinander spielen; die Mannschaft, auf welche der Pfeil deutet, spielt gegen die Mannschaft 0, und diese spielt abwechselnd zu Hause und auswärts und spielt das erste Spiel auswärts. Die übrigen Spiele werden in der ersten Runde auf dem Feld der Mannschaft gespielt, bei deren Nummer der Stern steht; im Rückspiel natürlich umgekehrt.

Definitionsgemäß hält die Mannschaft 0 die Abwechslungsregel ein. Man erkennt leicht, daß dasselbe für die Mannschaft 1 gilt. Und ebenso erkennt man leicht, daß die Abwechslungsregel von den Mannschaften 2, 4, 6 und 8 in dem auf das Spiel mit der Mannschaft 0 folgenden Spiel durchbrochen wird und von den Mannschaften 3, 5, 7 und 9 bei dem Spiel mit der Mannschaft 0. Somit haben wir die Lösung, von der wir wußten, daß es die bestmögliche sei, und von der wir hofften, daß wir sie verwirklichen könnten, tatsächlich durch das Schema verwirklicht.

Wäre die Anzahl der Mannschaften ungerade, so würde es genügen, die ‹0› aus den Spielen auszulassen und das Zusammentreffen mit der ‹0› als spielfrei zu betrachten; in einem solchen Fall würde die Abwechslungsregel von allen Mannschaften eingehalten werden. (Der spielfreie Tag würde sie nur insofern unterbrechen, als die betreffende Mannschaft einmal übersprungen würde.)

9 Warum Formeln benützen?

Die Formalismen, die Symbolismen, die **Algorithmen (d.h. die Verfahren, die angeben, wie man nach den spezifischen Fällen angepaßten Regeln mit den Symbolen operiert)** sind zum großen Teil die Ursache der weitverbreiteten Abneigung gegen die Mathematik. Aber das ist nicht ihre Schuld. Sie verdienen hochgeschätzt zu werden als zweckmäßige Kunstgriffe zur stenographischen Niederlegung mathematischer Ideen; statt dessen werden sie oft als Endzweck dargestellt. Und es wäre doch sonderbar, wenn man versuchte, jemanden für das Notenschreiben im Notenliniensystem zu interessieren, ohne ihn wissen zu lassen, daß die Noten nicht nur Krähenfüße sind, sondern Musik darstellen.

Um Formeln und die Rechenverfahren, die sie auszuführen gestatten, schätzen zu lernen, braucht man nur zu verstehen, wozu sie dienen, und sich zu überzeugen, daß es nützlich oder sogar notwendig ist, sie zu benützen, braucht man nur zu verstehen, worin man ihre Bedeutung zu sehen hat; sie erscheinen dann als eine von der uns geläufigen kaum verschiedene Art, Dinge, die uns bereits bekannt sind, auszudrücken. Wir beschränken uns hier auf das Elementarste, d.h. auf die erste Einführung der ‹Buchstabenrechnung› mit vorbereitenden Hinweisen auf unmittelbar folgende Anwendungen; was ihren ‹Geist› anbelangt, lassen sich diese Betrachtungen auf jeder Stufe anstellen; Hinweise auf fortgeschrittenere Überlegungen finden sich in Kapitel 14.

Das Schreiben einer Formel mittels Buchstaben hat häufig den handgreiflichen Sinn, eine Aussage abzukürzen. Anstatt zu sagen: ‹Der Inhalt (A) eines Dreiecks ist gleich dem halben Produkt der Grundlinie (a) und der Höhe (h)›, kann man zusammenfassend schreiben: ‹Inhalt $= 1/2 \times$ Grundlinie $\times$ Höhe›, oder, indem man noch weiter abkürzt: ‹$A = 1/2\, a\, h$›; die Formel sagt dasselbe aus wie der Satz, aber in einer Form, die, wenn man sich einmal daran gewöhnt hat, sehr viel übersichtlicher ist. In einer Form, fernerhin, die aufs Rechnen zugeschnitten ist, die rechenbereit ist. Wenn in einem besonderen Fall gegeben ist, daß die Grundlinie $a = 8$ cm und die Höhe $h = 5$ cm ist, so liefert die Formel direkt: der Inhalt $= A = 1/2 \cdot 8\,\text{cm} \cdot 5\,\text{cm} = 1/2 \cdot 8 \cdot 5\,\text{cm}^2 = 20\,\text{cm}^2$. Die Formel drückt die Rechnung bereits aus, wenn man an die Buchstaben a und h als vorläufige Vertreter der noch unbekannten Längen 8 cm und 5 cm denkt.

Die Formel gewinnt einen tieferen Sinn, wenn man sich überlegt, daß a und h beliebige Längen sein können, Längen, die sich auf alle möglichen Dreiecke beziehen; dann liefert die Formel den Inhalt A als **Funktion** von a und h, d.h., sie sagt aus, wie der Inhalt variiert, wenn a und h beliebig variieren. Um anzuzeigen, daß a und h in diesem Sinn als *variabel* aufzufassen sind (d.h., daß es uns darauf ankommt, ihnen je nach den verschiedenen Fällen verschiedene Werte erteilen zu können), zieht man es vor, die Buchstaben x und y (und weiter, wenn nötig, $z, t, \ldots$) zu benützen; dann ist $A = 1/2 \cdot xy$ oder, in noch ausführlicherer Form, $A(x, y) = 1/2 \cdot xy$ der Ausdruck für den Dreiecksinhalt als Funktion der Grundlinie x und der Höhe y.

Zu dem Begriff der Funktion und zu anderen Zusammenhängen kehren wir in den folgenden Kapiteln (10, 11 und 12) zurück.

Eine konkretere Nützlichkeit, was die Ersparnis von Rechenarbeit anbelangt, ergibt sich aus der Möglichkeit, diese Rechenarbeit an den Buchstaben selbst auszuführen. In dieser Hinsicht wären kompliziertere Beispiele viel überzeugender; im Interesse der Kürze (und weil dieses Beispiel uns als Ausgangspunkt für andere Überlegungen dienen wird) beschränken wir uns jedoch auf ein sehr einfaches Beispiel, und man muß sich eben gegenwärtig halten, daß es wirklich nur einen blassen Begriff von dem Vorteil der Buchstabenrechnung geben kann.

Gegeben ein Quadrat mit der Seite a; man entferne aus seinem Inneren ein Quadrat mit der Seite b derart, daß man einen quadratischen Rahmen erhält. Für den Flächeninhalt A dieses Rahmens gilt $A = a^2 - b^2$. Wenn man weiß (wenn nicht, so beweise man es), daß $a^2 - b^2 = (a + b)\,(a - b)$ ist, kann man auch schreiben $A = (a + b)\,(a - b)$, was sich im allgemeinen viel schneller ausrechnen läßt[13]. Es seien z.B. $a = 58$ und $b = 54$ (cm); dann erhält man für $a^2 - b^2$: $58^2 - 54^2 = 3364 - 2916 = 448$, während dieses Resultat in viel einfacherer Form von der Formel $(a + b)\,(a - b) = (58 + 54)\,(58 - 54) = 112 \times 4 = 448$ geliefert wird[14].

[13]) Es dauert länger, ein Produkt auszurechnen als eine Summe (oder Differenz); darum ist die Formel besser, welche die Berechnung von zwei Summen und einem Produkt verlangt, als umgekehrt eine Formel, die zwei Produkte und eine Summe enthält. Vergleiche dieser Art sind besonders nützlich beim Programmieren von Elektronenrechnern (s. Kap. 18). Im übrigen trägt in unserem Beispiel die Tatsache, daß $a - b$ oft klein ist, zur Vereinfachung der Rechnung bei.

[14]) Es ist eine gute Regel, nie die Maßeinheiten wegzulassen (hier cm); gibt man sie nicht an (wie hier, um den Text nicht zu beschweren), so darf man doch nie vergessen, daß sie vorhanden, wenn auch nicht angegeben sind. Im übrigen ist bei Größen, die eine physikalische Bedeutung haben, die Prüfung auf Dimensionsgleichheit hin überaus nützlich; wenn die zu summierenden Glieder eines Ausdrucks nicht dimensionsgleich sind (z.B. eins auf m²/sec und das andere auf kg/m² lautet), so liegt unbedingt ein Fehler vor; ebenso, wenn das Resultat nicht dimensionsgleich ist mit dem, was es darstellen soll (wenn man z.B. eine Länge statt einer Geschwindigkeit erhält, die Maßeinheit m statt m/sec).

Das größte Rechteck

Wenn man die eben ausgeführten Gedanken weiterverfolgt, kann man sagen, daß ein allgemeines, wenn auch noch so einfaches Resultat wie das eben benützte, nämlich $(a + b) \times (a - b) = a^2 - b^2$, nicht nur eine Kondensierung der unendlich vielen numerischen Identitäten ist, die sich ergeben, wenn man a und b beliebige Werte erteilt, sondern helfen kann, Einsicht in wichtige Beziehungen zu gewinnen. Die besagte Formel zeigt z.B., *daß unter allen Rechtecken mit gleichem Umfang das Quadrat den größten Inhalt hat.* Aus dem Quadrat $a \times a$ erhält man in der Tat ein Rechteck mit dem gleichen Umfang, wenn man als seine Seiten die um dieselbe Länge b verlängerte bzw. verkürzte Seite a wählt. Aber $a^2 - b^2$ ist gleich dem um b^2 verminderten Wert von a^2, d.h. immer kleiner als a^2.

Figur 29 macht die Sache graphisch noch klarer, aber die beiden Darstellungsformen,

Fig. 29

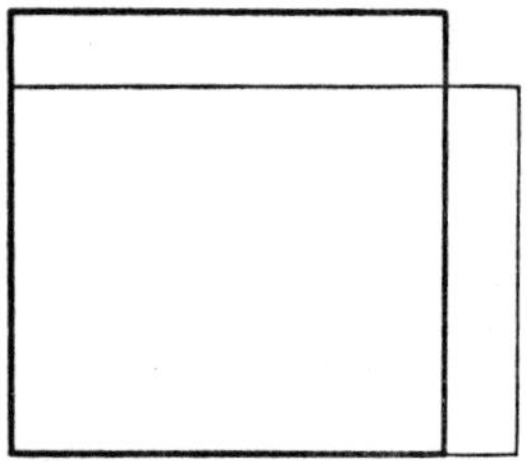

die formel- und die figurenmäßige, schließen sich nicht aus, sondern ergänzen sich. Die Formel läßt sich in der Tat auf direktere Weise ableiten und anwenden, aber die Figur bewahrt uns vor der Gefahr, das mechanisch zu tun, ohne den Sinn dessen, was wir tun, intuitiv erfaßt zu haben. Es wäre ähnlich, wie wenn man die besseren Reisemöglichkeiten, die das Automobil bietet, nicht dazu benützen wollte, mehr Dinge zu sehen und mit größerer Bequemlichkeit zu sehen, sondern ein Land nach dem anderen mit großer Geschwindigkeit zu durchkreuzen, ohne irgend etwas zu sehen.

Das bezüglich des Rechtecks erlangte Ergebnis läßt sich in nur scheinbar verschiedener Form ausdrücken, indem man, auf Figur 30

Fig. 30

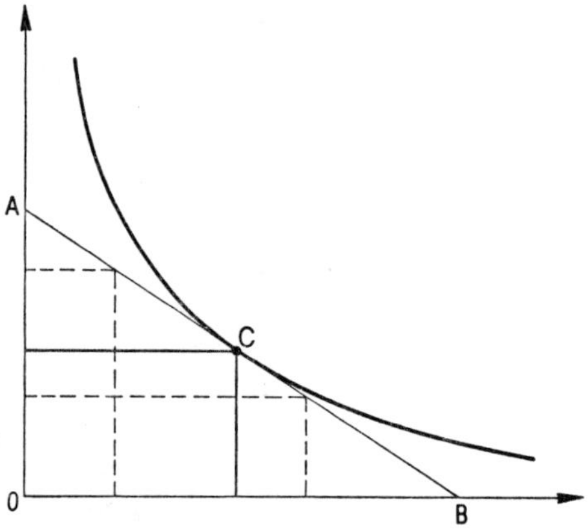

bezugnehmend, sagt, daß unter allen Rechtecken, von denen zwei Seiten auf den Katheten des Dreiecks OAB liegen und eine Ecke auf dessen Hypotenuse AB, das Rechteck mit dem größten Flächeninhalt diese Ecke im Mittelpunkt von AB liegen hat. Man erkennt dies leicht auf folgende Weise: Ist das Dreieck OAB gleichschenklig (d.h., ist $OA = OB$), so ist nach diesem Satz das maximale Rechteck das Quadrat, und wir haben genau unser ursprüngliches Resultat. Auf Grund der einfachen Überlegung, daß dieses Resultat durch eine bloße Änderung des Maßstabes nicht beeinflußt werden kann, erhält man den erweiterten Satz, denn man kann z.B. eine Vergrößerung bzw. Verkleinerung des vertikalen Maßstabs dadurch zum Ausdruck bringen, daß man OA entsprechend größer bzw. kleiner als OB wählt, wobei offensichtlich der Mittelpunkt der Hypotenuse des ursprünglichen gleichschenkligen Dreiecks in den Mittelpunkt der Hypotenuse des neuen Dreiecks übergeht.

Dieser Satz ist das Resultat, auf das wir uns in Kapitel 7 bezogen, als wir sagten, der Maximalgewinn in dem betrachteten Beispiel (wo der Absatz proportional zu der Erhöhung des Preises abnahm, d.h. wo wir eine *linear* verlaufende Beziehung hatten) sei derjenige, der dem halben Maximalgewinn pro Stück (wobei der Absatz = 0 ist) und dem halben Maximalabsatz (wobei der Gewinn = 0 ist) entspricht. Der Gewinn ist in der Tat das Produkt aus zwei Faktoren, welche der Grundlinie und der Höhe eines Rechtecks wie in Figur 30 entsprechen, dessen eine Ecke an eine Gerade wie AB gebunden ist. Wir kommen hierauf in Kapitel 11 zurück.

Wenn das Alphabet nicht ausreicht

Buchstaben leisten in der Mathematik so gute Dienste, daß die Mathematiker kaum mehr wissen, wo sie für ihren unbegrenzten Bedarf genug hernehmen sollen. Um das Verständnis der Formeln zu erleichtern, sollte man bei den Gewohnheiten bleiben, die sich eingebürgert haben; man sollte z.B., wie früher schon gesagt, vorzugsweise x (und y, z, ...) für Variable gebrauchen und das griechische π für die Kreiszahl reservieren ($\pi = 3{,}141592\ \ldots$) usw. Um mehr Möglichkeiten zu haben, zieht man wie bei der Kreiszahl das griechische Alphabet und manchmal auch noch andere Alphabete heran; die gedruckten Buchstaben lassen noch weitere Unterscheidungen zu (außer Groß- und Kleinschrift Kursivschrift oder Fettdruck, vgl. Kap. 14, für ‹Vektoren› – und noch andere Schriftarten). Aber das reicht alles doch nicht aus; man muß nach anderen Auskunftsmitteln greifen. Eins der wichtigsten, mit dem man sich möglichst früh bekannt machen sollte, besteht darin, daß man zu demselben Buchstaben einen Index hinzufügt, d.h. eine klein geschriebene Zahl, die man rechts unten an den Buchstaben anhängt, z.B. x_1, x_2, x_3, usw. oder A_3, w_{12}, S_2 und so fort. Auf diese Weise erhält man entsprechend viele neue Symbole, sozusagen neue, verschiedene Buchstaben. Die Indizes werden ihrerseits manchmal auch durch Buchstaben gekennzeichnet; anstatt ausführlich x_1, x_2, x_3 zu schreiben, schreibt man x_h, $h = 1, 2, 3$, was in komplizierten Fällen eine Ersparnis ist. Man kann auch wie oben bei w_{12} mehr als einen Index haben, und man kann die Indizes auch anders anbringen, z.B. in der Stellung des Exponenten (mit der notwendigen Warnung, damit keine Konfusion entsteht) usw. Wir beschränken uns hier auf ein Beispiel.

Wir machten in Kapitel 2 auf den Vorteil aufmerksam, den die Formel $\frac{1}{2}\, n\, (n + 1)$ bietet, indem sie sofort die Summe der Zahlen von 1 bis n liefert, wenn wir für n eine beliebige Zahl, sagen wir 12797, einsetzen. Um auf ähnliche Weise dieselbe Formel für eine beliebige arithmetische Folge ausdrücken zu können, wollen wir ihre sukzessiven Glieder mit $a_1, a_2, a_3, \ldots, a_n$ bezeichnen. Die Summe $a_1 + a_2 + \cdots + a_n$ ist dann gleich $\frac{1}{2}\, n\, (a_1 + a_n)$. So erhalten wir insbesondere (und es ist gut, sich das ins Gedächtnis einzuprägen) das Resultat: *Die Summe der n ersten ungeraden Zahlen ist n^2.* In der Tat haben wir $1 + 3 + 5 + \cdots + (2\,n - 1) = \frac{1}{2}\, n\, (1 + 2\,n - 1) = n^2$. Im einzelnen haben wir $1 + 3 = 4$, $4 + 5 = 9$, $9 + 7 = 16$, $16 + 9 = 25$ usw. Diese Beziehungen leiten sich übrigens auch aus der Tatsache ab, daß

$$(n + 1)^2 = n^2 + (2\,n + 1)$$

ist (ÜP, 9).

Der pythagoreische Lehrsatz

Wenn man die Formel für das Quadrat eines Binoms (s. Kap. 3), der wir gerade wieder in dem besonderen Fall für $(n + 1)^2$ begegnet sind, auf andere Weise als in Figur 6 darstellt, so gestattet diese Formel unmittelbar einen Beweis des *berühmten pythagoreischen Lehrsatzes* (s. Fig. 31). Die Figur zeigt ein Quadrat mit den Seiten $(a + b)$, das in vier gleiche rechtwinklige Dreiecke und wiederum ein Quadrat aufgeteilt ist. Die Dreiecke haben je die *Katheten* a und b, und die gemeinsame Länge ihrer *Hypotenusen* bildet die Seitenlänge des Quadrats; wir bezeichnen sie mit c.

Fig. 31

Nun hat jedes Dreieck den Inhalt $^1/_2\, a\, b$, so daß sich $c^2 = (a + b)^2 - 4(^1/_2\, a\, b) = a^2 + b^2 + 2\,a\,b - 2\,a\,b = a^2 + b^2$ ergibt. Man kann dies intuitiv erkennen, einfach indem man die Figuren 31 und 6 vergleicht, wobei sie natürlich auf die gleiche Weise mit *a* und *b* bezeichnet sein müssen. Aber die Leichtigkeit, mit der hier die Manipulation von Buchstabenformeln zu einem allgemeinen Ergebnis führt und zu dessen Ausdruck in einer knappen, sinnfälligen Formel ($c^2 = a^2 + b^2$), wird vielleicht als ein erneuter Beweis für die Nützlichkeit von Symbolismen gelten können, und zwar besonders für den, der sich wohl ihrer bedienen, aber sich nicht zu ihrem Sklaven machen will.

Es ist hier am Platz, darauf hinzuweisen, daß ein und derselbe Ausdruck oft für verschiedene Interpretationen Gültigkeit hat. Es kann sein, daß die Buchstaben, die darin vorkommen, nicht *Zahlen* oder *Größen* im gewöhnlichen Sinn darstellen, sondern irgendein mathematisches Etwas, für das ein Symbolismus zweckmäßig ist. Die Buchstaben können z.B. *Vektoren* repräsentieren (mathematische Gebilde, die – wie Schiebungen [vgl. Kap. 13 und 14], Kräfte, Geschwindigkeiten usw. – durch Pfeile darstellbar sind) oder *Operationen* (z.B. geometrische Operationen wie Drehungen, Symmetrien usw.) oder *Mengen* (Mengen von Punkten wie ‹die Punkte auf dieser Seite, die innerhalb einer gedruckten Type liegen, d.h. die Punkte, die in den weißen Teilen innerhalb eines a, b, d, e, g, o, p, q, A, B, D, O, P, Q, 4, 6, 8, 9, 0, &, % enthalten sind) oder *Aussagen* (logische Behauptungen; in der Wahrscheinlichkeitsrechnung: Ereignisse) usw. Manchmal führen verschiedene Theorien zu demselben Algorithmus, d.h. sie haben dieselbe *Struktur*; dann hat man den Vorteil, ‹zwei Fliegen mit einer Klappe zu schlagen›, weil man mittels ein und desselben Schemas verschiedene Gegenstände studieren kann. Man kann sich auch, ganz *abstrakt*, ein Schema um des Schemas willen konstruieren, ohne es auf irgendeinen Gegenstand zu beziehen oder sich auch nur darum zu kümmern, ob es Gegenstände gibt, auf die es anwendbar ist. Dies ist eine Einstellung, die gelegentlich nützlich sein kann, um vorübergehend einen rein formalen Aspekt zu isolieren und darüber nachzudenken, die aber Gefahr läuft, unfruchtbar zu werden, wenn man systematisch in ihr beharrt.

10

Wie man unendlich viele Schritte in einem einzigen ausführt

Bei einem Beweis, in dem Zahlen oder Größen vorkommen, die allgemein mit Buchstaben ($a, b, x, n, \ldots$) bezeichnet sind, ist es klar, daß er in Wirklichkeit unendlich viele Ergebnisse darstellt im Hinblick auf all die einzelnen Fälle, die entstehen, wenn man den Buchstaben beliebige besondere Werte (die den eventuell zugrunde gelegten Bedingungen genügen) erteilt. Wir wollen uns mit diesem Sachverhalt insbesondere im Fall von solchen Behauptungen befassen, die sich auf eine allgemeine, d.h. beliebige positive ganze Zahl beziehen.

Hier ist ein klassisches Beispiel: der Satz, demzufolge *unendlich viele* **Primzahlen** *existieren* (d.h. Zahlen, die keine Teiler haben). Er besagt: *Wenn eine beliebige Zahl*, sagen wir *n, gegeben ist, so existieren Primzahlen, die größer sind als diese Zahl* (d.h. man kann mindestens eine Zahl p aufweisen derart, daß $p > n$ und eine Primzahl ist). Betrachten wir in der Tat das Produkt aller ganzen Zahlen von 1 bis n (man nennt es ‹n-Fakultät› und bezeichnet es mit $n!$) und addieren wir 1 dazu; die so erhaltene Zahl

$$m = n! + 1$$
$$= (1 \cdot 2 \cdot 3 \cdot 4 \cdot 5 \cdots (n-1) \cdot n) + 1$$

ist entweder, wie man sofort erkennt, eine Primzahl, oder, wenn sie Teiler hat (und somit Primteiler), so *müssen diese alle größer sein als n* (und somit existiert mindestens eine Zahl $p > n$). Es genügt, sich klarzumachen, daß $n!$ definitionsgemäß offensichtlich durch alle Zahlen, die $< n$ sind, teilbar ist und darum $n! + 1$ durch diese Zahlen nicht teilbar ist (es bleibt bei der Teilung immer der Rest 1).

Vor allem ist es aber im Zusammenhang mit den ganzen Zahlen wichtig, sich ein Verfahren einzuprägen, das häufig gebraucht wird und das einem unmittelbar auch in Fällen helfen kann, die zwar banal sind, denen man aber auf andere Weise nur schwer beikommt (wie z.B. wenn man sich nicht genau an die Formel erinnern kann, die man braucht). Es handelt sich um den **Beweis durch Induktion** oder um die ‹**vollständige Induktion**›[15]), ein Beweisverfahren, das sich folgendermaßen darstellen läßt: *Wenn es gelingt zu beweisen, daß eine gewisse Eigenschaft, in die eine ganze Zahl n eingeht,*

a) *für $n = 1$ gilt*

b) *und auf Grund der Annahme ihrer Gültigkeit für eine gewisse Zahl n sich als gültig für die nächstfolgende Zahl $n + 1$ erweist,*

dann ist sie immer gültig (für die unendlich vielen Zahlen $n = 1, 2, 3, \ldots$; das Verfahren kann in der Tat nie abbrechen).

[15]) Man darf dies nicht mit ‹induktivem Beweisen› verwechseln, das einfach darin besteht, daß man als vermutlich allgemein wahr annimmt, was sich in einzelnen Fällen als wahr erwiesen hat.

Die Schnur, in Stücke zerschnitten

Es folgt ein höchst banales Beispiel vollständiger Induktion. Offensichtlich wird eine Strecke (oder, konkret, eine Schnur oder Stange), die man in n Punkten auseinanderschneidet, in $n + 1$ Teile zerlegt; dennoch erhält man häufig auf die Frage nach der Anzahl der Teile (entweder aus Mangel an Aufmerksamkeit oder weil es dem, der sich die Frage nie überlegt hat, spontan erscheint, als müsse es so sein) die Antwort, daß n Schnitte n Stücke produzieren. Indem man das *Prinzip der vollständigen Induktion* heranzieht, überzeugt man sich im Zweifelsfall sofort davon, daß die richtige Antwort $n + 1$ ist. Man braucht sich nur Folgendes zu überlegen. Die Antwort ist für $n = 1$ richtig (durch *einen* Schnitt erhält man *zwei* Stücke, und es ist $2 = 1 + 1$); man erhält also bei jedem neuen Schnitt ein Stück mehr; die Antwort muß infolgedessen immer gleich lauten: immer n oder immer $n + 1$ oder auch $n + 2$ oder $n - 1$, kurz, immer n plus oder minus eine feste Zahl. Somit genügt es, an einem einzigen besonderen Fall festzustellen, was für eine positiv oder negativ zu nehmende Zahl das ist. Da sich diese Zahl im Fall $n = 1$ als 2 ergibt, haben wir also die Antwort $n + 1$ als allgemein richtig bewiesen. Auch in komplizierteren Fällen genügt eine bloße Verifizierung für den einfachsten Fall (gewöhnlich $n = 1$) unter einer b) entsprechenden Voraussetzung, um die Antwort für den allgemeinen Fall sicherzustellen.

Um zu beweisen, daß die Summe der ganzen Zahlen von 1 bis n den Wert $^1/_2\, n\,(n + 1)$ hat, genügt es zu verifizieren, daß diese Formel für $n = 1$ gilt (in der Tat ist $^1/_2 \cdot 1 \cdot 2 = 1$) und daß man, wenn die Formel für n gilt und man $n + 1$ hinzufügt,

$$^1/_2\, n\,(n + 1) + (n + 1) = (n + 1)\,[^1/_2\, n + 1]$$
$$= {}^1/_2\,(n + 1)\,(n + 2)$$

erhält, so daß dieselbe Formel also auch für $n + 1$ als gültig erwiesen ist. Der Leser wird einwenden, daß der direkte Beweis einfacher war, und das stimmt; wir haben diesen neuen zum Vergleich angegeben und zugleich als Kostprobe für eine analoge Anwendung der vollständigen Induktion in einem ähnlichen, nämlich dem folgenden Fall, in dem dieses Beweisverfahren das einfachste ist.

Die Stufenpyramide

Dieser Fall ist der der *Summe der Quadrate* der ganzen Zahlen von 1 bis n, deren Ausdruck $^1/_3\, n\, (n + {}^1/_2)\, (n + 1)$ lautet[16]). Um dies zu beweisen, stellen wir wie oben fest, daß der gesuchte Ausdruck für $n = 1$ gültig ist (in der Tat ist $^1/_3 \cdot 1 \cdot (1 + {}^1/_2) \cdot 2 = {}^1/_3 \cdot {}^3/_2 \cdot 2 = 1$) und daß man, wenn er für ein gewisses n gültig ist und $(n + 1)^2$ hinzugefügt wird,

$$^1/_3\, n\, (n + {}^1/_2)\, (n + 1) + (n + 1)^2$$
$$= (n + 1)\, [^1/_3\, n\, (n + {}^1/_2) + (n + 1)]$$
$$= {}^1/_3\, (n + 1)\, [n^2 + {}^1/_2\, n + 3\, n + 3]$$
$$= {}^1/_3\, (n + 1)\, (n + {}^3/_2)\, (n + 2),$$

erhält, so daß der Ausdruck auch für $n + 1$ gültig ist.

Die Interpretierung dieses Ausdrucks als einer ‹Stufenpyramide› wird als Aufgabe in (ÜP, 10) gestellt.

Der Schluß auf Grund vollständiger Induktion findet beständige Anwendung, und zwar auf allen Gebieten der Mathematik; er erfaßt elementarste und fortgeschrittenste, einfachste und schwierigste Probleme. Auch wenn man versucht, wie wir es hier tun werden, mit Hilfe von weiteren Beispielen (der Kürze und Einfachheit halber, ohne auf ihre Behandlung einzugehen) einen Begriff dieser Vielseitigkeit zu geben, so kann man doch nur eine ganz ungenügende Vorstellung von dem gewaltigen Umfang und der fundamentalen Wichtigkeit der Anwendungen dieses Beweisverfahrens vermitteln.

[16]) Wir beschränken uns darauf, die Formel anzugeben und zu beweisen; zu ihrer Ableitung wären Begriffe erforderlich, von denen wir nicht glauben, daß sie dem Leser bekannt sind, und die sich nicht kurz erklären lassen. Zur Orientierung deuten wir an, daß diese Begriffe gestatten festzustellen, daß der gesuchte Ausdruck für die Summe von der Gestalt $A\, n^3 + B\, n^2 + C\, n + D$ sein muß; danach ist es nicht schwer, die Werte $A = {}^1/_3$, $B = {}^1/_2$, $C = {}^1/_6$ und $D = 0$ zu bestimmen, so daß sich die Formel $^1/_3\, n^3 + {}^1/_2\, n^2 + {}^1/_6\, n$ ergibt (die mit der im Text angegebenen identisch ist). Es wäre eine nützliche Übungsaufgabe, zu verifizieren, daß A, B, C und D die angegebenen Werte haben müssen.

Ebene und Raum, in Stücke zerschnitten

Es folgen zwei geometrische Beispiele, die das erste Beispiel des Zerschneidens einer Strecke (oder Schnur usw.) auf die Ebene und den Raum ausdehnen. *In wie viele Gebiete wird eine Ebene durch 10 beliebig gezogene Geraden zerlegt?*[17])

Es wäre mühsam, die Antwort für einen solchen Fall direkt zu ermitteln (und noch schlimmer für eine größere Anzahl von Geraden, z.B. 100 oder 7915); dagegen ist es leicht, sie auf dem Wege der vollständigen Induktion zu erlangen, indem man eine Formel aufstellt, die für den Fall einer beliebigen Anzahl n von Geraden gilt. Es läßt sich in der Tat zeigen, daß die $(n+1)$-te Gerade die Anzahl der Gebiete um $(n + 1)$ erhöht, so daß n Gerade $^1/_2\, n\, (n + 1) + 1$ Gebiete erzeugen (z.B. 56 Gebiete für $n = 10$). Das Problem ist dasselbe wie für die Summe der Zahlen von 1 bis n, aber die Lösung enthält eine 1 mehr, weil wir 2 Gebiete haben für $n = 1$, so daß die Antwort 2 lautet anstatt 1 wie für die Summe der Zahlen von 1 bis n; also bleibt die neue Formel immer um eine Einheit größer. Dasselbe Problem läßt sich für Ebenen im Raum stellen: *n Ebenen teilen den Raum in $^1/_6\, (n^3 + 5\, n + 6)$ Gebiete.* Für $n = 1$ Ebene sind es 2, und die Anzahl

[17]) Es kommt nicht darauf an, wie die Geraden zueinander liegen, vorausgesetzt daß sich jedes Geradenpaar schneidet und verschiedene Geradenpaare sich in verschiedenen Punkten schneiden (wodurch ausgeschlossen wird, daß eine Gerade zu einer anderen parallel oder durch den Schnittpunkt von zwei anderen verläuft).

der Gebiete wird durch die $(n+1)$-te Ebene um $^1/_2\, n\,(n+1)$ erhöht. (Hier spielt das Resultat des vorigen Falls hinein: Jede Ebene wird von den anderen Längsgeraden geschnitten.) Für $n = 10$ findet man z. B., daß 10 Ebenen den Raum in 176 Stücke teilen.

Wer gewinnt beim Schach?

Und hier folgt eine Anwendung aus dem Gebiet jener Spiele mit Figuren, bei denen nach gewissen Regeln bei bestimmten Konfigurationen ein Spieler dem andern eine oder mehrere Figuren wegnehmen darf, wie bei Schach, Dame und anderen, die alle von demselben Typus sind. Bei solchen Spielen haben die beiden Spieler abwechselnd das Recht, einen Zug aus der Gesamtheit der zulässigen Züge zu wählen. (Nichts wird dem Zufall überlassen, und nichts ist geheim im Gegensatz zu Kartenspielen, bei denen die Karten verteilt werden, wie es der Zufall bestimmt, und jeder Spieler wohl weiß, was er für Karten in der Hand hat, aber die Karten der anderen Spieler nicht kennt.) Die Situation ist hier in jedem Augenblick in dem Sinn ‹determiniert›, daß der Sieg einem der beiden Spieler zugesichert ist, was auch immer der andere tun mag, wenn nicht dieser eine den Sieg durch einen Fehlzug an den anderen abgibt.

Was Schach betrifft, so wird jeder, gleichgültig, ob er das Spiel kennt oder nicht, in Zeitungen und Zeitschriften ‹Schachprobleme› gesehen haben, die den Leser, nach Angabe einer gewissen Stellung der Figuren auf dem Schachbrett, auffordern, herauszufinden, ‹wie Weiß ziehen muß, um (z. B.) in drei Zügen zu gewinnen›. Dies zeigt, wie wenigstens gegen Ende einer Partie die Situation determiniert ist. Auf Grund vollständiger Induktion läßt sich nun beweisen, daß es immer so ist, vom Beginn der Partie an. Setzen wir der Einfachheit halber voraus, daß durch geeignete Abmachungen unentschiedene Partien ausgeschlossen sind wie auch Partien, die sich über eine gewisse Maximalzahl von Zügen hinaus erstrecken. Dann ist die Partie zweifellos bei dem letzten Zug determiniert; aber dann ist sie es auch schon bei dem vorletzten, denn unter den Zügen, die ein Spieler wählen kann, ist entweder mindestens einer, der ihn in eine der zu seinen Gunsten determinierten Situationen versetzt, und dann ist die vorliegende Situation ebenso determiniert; oder es ist kein solcher Zug vorhanden, und dann verhält sich das Ganze umgekehrt. So überträgt sich der Determiniertheitsschluß unverändert rückwärts, indem man schrittweise vom Ende zum Anfang aufsteigt. Jede Schachstellung führt somit von sich aus zu einer Aufgabe derselben Art wie die obenerwähnte: ‹Wie muß Weiß ziehen, um in 143 Zügen zu gewinnen?› oder: ‹Wie muß Weiß ziehen, um in weniger als 219 Zügen zu verhindern, daß Schwarz gewinnt?› usw. (in der Praxis werden auch unentschiedene Partien einbegriffen). Der Unterschied zwischen diesen Fällen und den gewöhnlichen Aufgaben ist nur der, daß hier, um alle möglichen zukünftigen Entwicklungen der Partie zu erforschen und Schlüsse daraus ziehen zu können, ein Zeit- und Arbeitsaufwand solcher Dimension erforderlich wäre, daß er sogar die Leistungsfähigkeit eines Elektronenrechners übersteigen würde. Für eine Person mit unbegrenztem Erkenntnisvermögen, d.h. eine Person mit der Fähigkeit, alle möglichen Folgen jeder erdenklichen Strategie zu erkennen, die sie einer beliebigen Strategie des Gegners gegenüberstellt, ist also das Schachspiel ein Spiel ohne Reiz, weil es von vornherein entschieden ist. Wenn diese Bemerkung interessant ist, so ist sie es, *weil das Erkenntnisvermögen guter Spieler zwar groß, aber nicht absolut ist;* es wird nicht immer denjenigen, den die Reihe trifft, ‹vorausbestimmter Sieger› zu sein, ohne es zu wissen, daran hindern, einen Fehler zu machen und dem anderen den Sieg zu schenken; *Sieger wird derjenige, der sich als vorletzter irrt.*

11

Wie fruchtbar ein dynamisches Bild sein kann!

Die dynamische Betrachtungsweise gestattet sozusagen, ‹über das Sichtbare hinauszusehen› sie verleiht uns sozusagen einen ‹*Ultrablick*›. Keine Angst vor diesem Wortungetüm ‹Ultrablick›! Wir haben es nur zum Scherz gebraucht. Gewiß, es handelt sich dabei um etwas Wichtiges und Ernstes, aber auch wenn es in gewissem Sinn mit theoretischen Begriffen zusammenhängt, so ist es doch ausschließlich ein Aspekt der sich immer wieder als unentbehrlich erweisenden Kunst, auf geeignete, intuitive Weise sehen zu können.

Es handelt sich im Grunde um einen *ökonomischen* Begriff (wenn man sich nicht vor den Vorurteilen gegen solche Ausdrücke scheut); einen Begriff der Ökonomie, der Wirtschaftlichkeit in dem Sinn eines maximalen Ertrags der Wirksamkeit des Denkens, eines möglichst großen Resultats bei möglichst geringem Kraftaufwand. Hiermit ist nicht die Geisteshaltung gemeint, die auf Faulheit beruht und die fast immer zu Kurzsichtigkeit und Irrtümern führt, sondern die Haltung, die von Wissensdrang und Tätigkeitstrieb angefeuert ist und die einen um so stärkeren Aufschwung nimmt und um so festere Zuversicht faßt, je mehr es ihr im langsamen Fortschreiten gelingt, Blickfelder, die sich immer weiter ausdehnen und immer klarer darbieten, mit zunehmender Leichtigkeit und Unmittelbarkeit zu beherrschen.

Was wir uns in diesem Zusammenhang gut einprägen müssen, ist das Folgende. Auch in der Mathematik und vielleicht in der Mathematik mehr als irgendwo sonst besteht häufig die einfachste und geeignetste Art, ein spezielles Problem zu handhaben, darin, daß man ein viel (oder sogar sehr viel) allgemeineres Problem löst. Als Beispiel hierfür mag das schon an sich bedeutsame des vorhergehenden Kapitels (Kap. 10) dienen; dort erwies es sich als vorteilhaft, nicht zu zählen, in wie viele Stücke die Ebene durch 10 Geraden (oder der Raum durch 10 Ebenen) zerteilt wird, sondern statt dessen das Problem für eine beliebige Zahl n von Geraden zu lösen und dann die einfache Rechnung für den speziellen Fall $n = 10$ durch Einsetzen dieses Wertes in die allgemeine Formel auszuführen.

Der markanteste und aufschlußreichste Aspekt eines solchen Verfahrens besteht jedoch nicht in der größeren Allgemeinheit an sich als eher in der Tatsache, daß diese größere Allgemeinheit sich ergibt, wenn man das Problem unter einem Gesichtspunkt sieht, der als **dynamisch** bezeichnet werden kann (demzufolge man auch bestrebt ist, einfache didaktische Hilfsmittel wie deformierbare Figuren zu benützen [ÜP, 11]).

In der Tat handelt es sich darum, an die Stelle der **statischen Betrachtungsweise** eine **dynamische** zu setzen. Die statische Betrachtungsweise zeigt uns eine Ebene, welche durch 10 in ihr gezogene Geraden in Stücke zerteilt wird. Die dynamische dagegen entwickelt einen **Prozess**: Es wird in der Ebene eine erste Gerade gezogen, welche die Ebene in zwei Halbebenen teilt; dann eine zweite Gerade, welche sie in vier Winkelgebiete teilt; und dann eine dritte (welche 7 Stücke ergibt: ein Dreieck und die 6 Teile, in welche die Ebene durch die Verlängerungen der Dreiecksseiten geteilt wird); und ... Und dann sieht man ein, daß es unmöglich ist, die verschiedenen Arten zu verfolgen, auf die weitere Geraden Gebiete verschiedener Formen erzeugen, und überzeugt sich davon, daß dies nicht nur unmöglich ist, sondern auch unnütz wäre, da die Zahl der weiteren Unterteilungen nicht von diesen Formen abhängt; und dann wird man schließlich die Möglichkeit gewahr, den Prozeß zu untersuchen, demzufolge die Anzahl der Stücke wächst. Im Grunde handelt es sich immer wieder um ‹die Kunst, schrittweise vorzugehen›, aber die **dynamische Betrach-**

tungsweise, die Vorstellung eines **Prozesses**, in welchen das spezielle Problem sich einreiht, ist dasjenige Element, das hinzukommt und den entscheidenden Übergang charakterisiert, den Übergang zu dem, was wir, um uns verständlich zu machen, den ‹Ultrablick› nannten.

Sprechen wir von Funktionen!

Dieser Ultrablick, diese dynamische Betrachtungsweise besteht, wenn man sich fachmäßig ausdrücken will, darin, daß man sein Denken auf den **Funktionsbegriff** basiert. Diese Art zu denken ist besonders vorteilhaft, wenn man Funktionen der *Zeit* betrachtet (z.B. wenn man sich im vorangehenden Fall vorstellt, daß die Geraden in sukzessiven Momenten gezogen werden) und ihren Verlauf mittels einer möglichst sinnfälligen *graphischen Darstellung* veranschaulicht. Eine solche wird meist die Darstellung in einem kartesischen Koordinatensystem sein, bei welcher man auf einer horizontalen und einer vertikalen Achse, von einem Punkte O, dem *Ursprung* des Koordinatensystems, ausgehend, die Werte der *Abszisse*, x, bzw. der *Ordinate*, y, abträgt.
Im vorhergehenden Beispiel war die Zahl $p_n = {}^1/_2\, n\,(n+1)+1$ der Stücke eine Funktion der Anzahl der zerteilenden Geraden, also eine Funktion einer *ganzen Zahl*. Der Fall, den wir jedoch in erster Linie im Sinn haben, ist der einer Funktion $y=f(x)$, in der die Variable x jeden reellen Wert annehmen kann (mit Ausnahme gewisser von Fall zu Fall festgelegter Einschränkungen) und die Zeit oder eine Länge oder eine Temperatur oder einen Preis oder eine andere Größe beliebiger Art darstellen (oder als solche interpretiert werden) kann. Dasselbe gilt für y. In Figur 32 haben wir ein Diagramm, das den Verlauf der Temperatur y als einer Funktion der Zeit x darstellen kann (z.B. tägliche oder jährliche Schwankungen der Durchschnittstemperatur). Auch in diskreten Fällen, in denen die Varia-

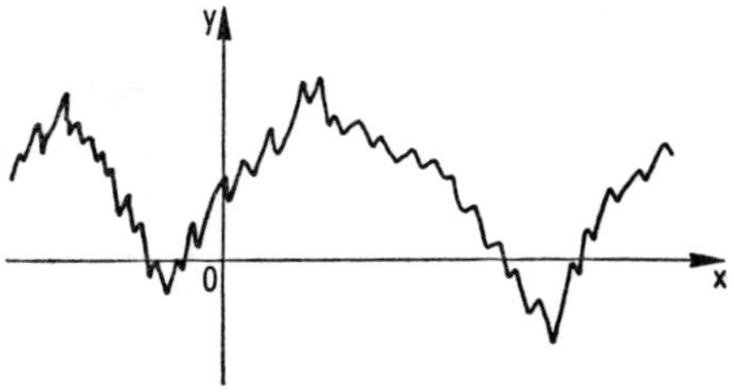

Fig. 32

ble x eine ganze Zahl oder eine ähnliche Größe ist, können wir die Bezeichnungsweise $p_n = f(n)$ oder $p^{(n)}$ gebrauchen. (Der Begriff der Funktion ist vollkommen allgemein und der Natur der Variabeln gegenüber indifferent; diese können z.B., wie wir in Kap. 13 und 14 sehen werden, Punkte sein.) Nur aus Gewohnheit und Bequemlichkeit (zwecks leichterer Verständigung) wird die Variable, wenn sie eine ganze Zahl ist, vorzugsweise durch einen (*unten angehängten*) *Index* angegeben; wir schreiben lieber p_n als $p(n)$ (wie in dem Beispiel von Kap. 9 bei der Zahlenfolge a_n zum Ausdruck kommt).
Man kann auch Funktionen von zwei (oder mehr) Variablen betrachten; in Kapitel 9 haben wir den Inhalt A eines Dreiecks als Funktion seiner Grundlinie x und seiner Höhe y in der Form $A(x,y) = {}^1/_2 xy$ dargestellt; aber hier werden wir uns jetzt ausschließlich mit dem einfachsten Fall (Funktionen einer Variablen) befassen.

Noch einmal der ‹Maximalprofit›

Greifen wir noch einmal auf das Beispiel des ‹Maximalprofits› (Kap. 7 und 8) zurück und sehen wir zu, wie wir es auf die neue Art ausdrücken können; es wäre in diesem Fall richtiger zu sagen, wie wir es ‹in der neuen Sprache› ausdrücken können, weil sich an dem, was Figur 30 und die zugehörigen Erklärungen erläutern, nichts Wesentliches ändert. Wir machen sozusagen eine nützliche Übung im Übersetzen und werden später finden, daß sie zu gewissen Überlegungen und Ergänzungen führt.

Die Größe, die als beliebig festlegbar gilt, ist entweder der Preis oder (angenommen, daß wir uns bei dem Problem nur hierfür interessieren) die Differenz zwischen dem Preis und den Kosten, d.h. der Profit pro Stück. Also bezeichnen wir diesen Profit pro Stück mit x, dem üblichen Zeichen für die als unabhängig betrachtete Variable (und man sollte Gewohnheiten folgen, welche die Verständigung erleichtern, auch wenn man weiß, daß sie an sich belanglos sind). Die Zahl der Verkäufe sei mit y bezeichnet. Da wir angenommen haben, daß eine Erhöhung von x eine proportionale Abnahme von y verursacht, ergibt sich, wenn wir die Anfangswerte mit x_0 und y_0 und die Abnahme von y bei einer Erhöhung von x um 1 mit $-a$ bezeichnen,

$$y = y_0 + a\,(x - x_0) = a\,x + b$$

(mit $b = y_0 - a\,x_0$).

Die Daten waren $x_0 = 2000$ (Lire), $y_0 = 300$ (Stück), $-a =$ (ein Stück)/(5 Lire) $= {}^1/_5$ (Stück/Lire); also erhalten wir[18])

$$y = 300 - (x - 2000)/5 = 700 - x/5$$
$$= 700 - 0{,}2\,x = 0{,}2\,(3500 - x).$$

Für $x = 0$ ergibt sich $y = 700$; $y = 0$ ergibt sich für $x = 700 \cdot 5 = 3500$; das stimmt überein mit unserer direkten Berechnung (in Kap. 7). Und es ist nützlich, sich klarzumachen, daß die tatsächlich auszuführende Rechnung natürlich die gleiche ist, nur daß sie hier für den, der in der Formel- und Funktionensprache geübt ist, in bequemerer Form ausgeführt wird.

Schon bei der ersten geometrischen Interpretation lag es auf der Hand, daß der Graph eine **Gerade** sein mußte; wir wollen dabei gleich bemerken, daß dies immer (und nur dann) der Fall ist, wenn die Funktion **linear** ist, d.h. von der Gestalt $y = f(x) = a\,x + b$. In der Tat stellt eine **homogene lineare** Funktion (d.h. eine Funktion, die zu x **proportional** ist), $y = a\,x$, eine Gerade durch den Punkt $x = 0$, $y = 0$ (den *Ursprung* der Koordinatenachsen; x-Achse horizontal, y-Achse vertikal) dar; fügen wir eine *Konstante* b hinzu, so verschieben wir nur die Gerade parallel zu sich; im besonderen ist der Graph der konstanten Funktion $y = b$ (‹Funktion› nur der Redeweise nach, die aber als auf gleicher Stufe mit jeder anderen stehend betrachtet wird) eine horizontale Gerade.

Überall Kegelschnitte!

Die Bestimmung des Maximalprofits läßt sich, außer durch die im vorhergehenden angestellte auf das Rechteck $x\,y$ bezügliche Überlegung, auch als Bestimmung des Maximums der Funktion xy auffassen, welche den Gesamtprofit darstellt.

$$xy = x\,f(x) = x\,(700 - x/5)$$
$$= x\,(3500 - x)/5 = -\,x^2/5 + 700\,x$$
$$= 1/5\,[1750^2 - (x - 1750)^2].$$

Der Graph einer solchen Funktion ist eine **Parabel** mit vertikaler Achse, wie dies der Fall ist für jede Funktion, die ein **Polynom 2ten Grades** ist (ein Ausdruck der Form $a\,x^2 + b\,x + c$, wo a, b und c Konstante sind); als solches ist die Funktion xy in der vorletz-

[18]) Wir erinnern daran, daß man unbedingt immer die Maßeinheiten angeben sollte (vgl. Fußnote[14]), S. 37). Hier sieht man, wie die effektive Ausführung der Operationen *auch an den Maßeinheiten* zu dem *vollständigen* Resultat einschließlich seiner Dimension führt – in dem gegebenen Fall ‹*Stück/Lire*›; in anderen (cm) × (cm) = (cm²) oder (cm)/(sec) = (cm/sec) usw. – und nicht nur zu einer *reinen Zahl*, von der man nicht weiß, was sie bedeutet, wenn man nicht der Unvollständigkeit der Entwicklung durch eine besondere Untersuchung nachhilft. Leider versäumen Mathematiker – für die es tatsächlich kein Interesse hat, ob die Längen, um die es sich handelt (z.B. 3, 4, 5: die Seiten eines Dreiecks), Zentimeter oder Kilometer oder Lichtjahre sind – häufig, auch die wesentliche begriffliche Bedeutung der Frage zu betonen.

ten Form der obigen Kette klar erkenntlich; die drittletzte Form zeigt, daß die Funktion für $x = 0$ und $x = 3500$ verschwindet (oder die beiden **Nullstellen** oder **Wurzeln** $x = 0$ und $x = 3500$ hat), woraus (aus Symmetriegründen) folgt, daß man für die Symmetrieachse und darum für den Scheitel (das Maximum oder in anderen Fällen das Minimum)

$$x = (0 + 3500)/2 = 1750$$

erhält; der letzte Ausdruck der Kette bestätigt dies und liefert den Wert des Maximums, $1750^2/5$ (das angenommen wird, wenn $x = 1750$ ist und **das quadratische Glied wegfällt).** Diese Abschweifung ist, wie andere, die wir an geeigneter Stelle über die vielen möglichen Arten, dasselbe Problem geometrisch zu interpretieren, machen werden, von Nutzen (wenn auch nicht notwendig), weil sie uns das Problem unter verschiedenen Gesichtspunkten sehen läßt. Aber unsere Abschweifung hier diente vor allem dazu, uns mit der **Parabel** bekannt zu machen, welche zusammen mit der **Ellipse** und der **Hyperbel**, denen wir bereits begegnet sind, die Liste der **Kegelschnitte** vervollständigt, d.h. der Kurven, die man **als ebene Schnitte von Kreiskegeln** erhält [vgl. Fig. 33 und (ÜP, 12)]. Die Parabel

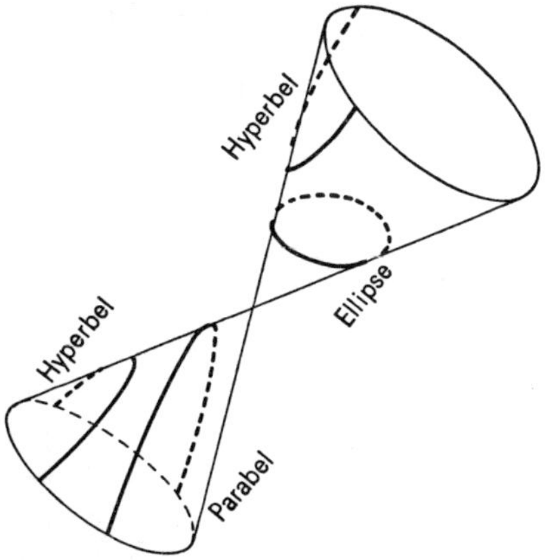

Fig. 33

mit vertikaler Achse stellt viele wichtige Phänomene dar (z.B. den Fall eines schweren Körpers); die Lösung einer ‹Gleichung 2. Grades› (ein Stoff, der auf dem Gymnasium behandelt wird) besteht darin, die Punkte aufzufinden, in denen eine Parabel die x-Achse schneidet (es gibt zwei, einen oder keinen; sie heißen, wie schon erwähnt, die *Nullstellen* oder *Wurzeln*). Die verschiedenen Formen, in denen wir unser Beispiel dargestellt haben, sollten schon genügen, um zu zeigen, wie man die Formel für die Lösung einer solchen Gleichung findet und was sie bedeutet (ÜP, 13, 14). Natürlich kann die Parabel, die ein Polynom zweiten Grades darstellt, auch ‹auf dem Kopf stehen› (im Vergleich zu denen in Fig. 34); dies tritt ein, wenn der Koeffizient a negativ ist wie im Fall unseres numerischen Beispiels.

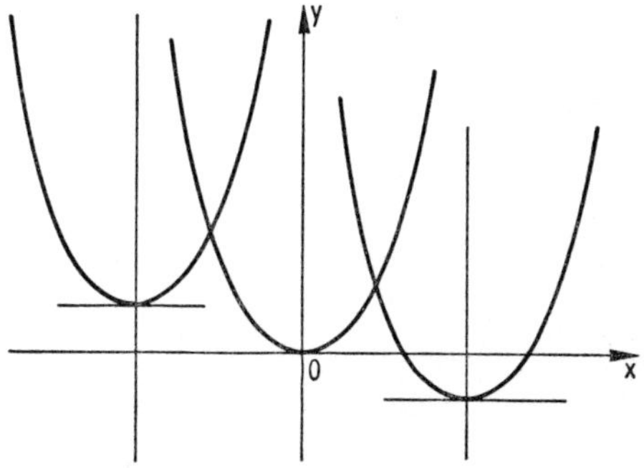

Fig. 34

Auch die Hyperbel verdient, als Graph einer wichtigen und einfachen Funktion, erwähnt zu werden, nämlich der Funktion $y = f(x) = 1/x$ (wie sie in Fig. 35 dargestellt ist); für alle Rechtecke mit dem Inhalt $xy = 1$, die zwei Seiten auf den Achsen und eine Ecke in O haben, fällt die O gegenüberliegende Ecke auf diese Hyperbel. (Emma Castelnuovo läßt diese Tatsache auf sehr geschickte Weise zum Ausdruck kommen, indem sie viele Rechtecke von gleichem Inhalt und von verschiedener Form, welche die Schüler ausgeschnitten haben, auf die beschriebene Weise anbringt.) In der üblichen Ausdrucksweise ist die Hyperbel der Graph *einer Größe*, die **umgekehrt proportional** *zu einer anderen variiert* (z.B. das Volumen eines Gases mit Bezug auf die Variation des Drucks, oder die Stärke eines elektri-

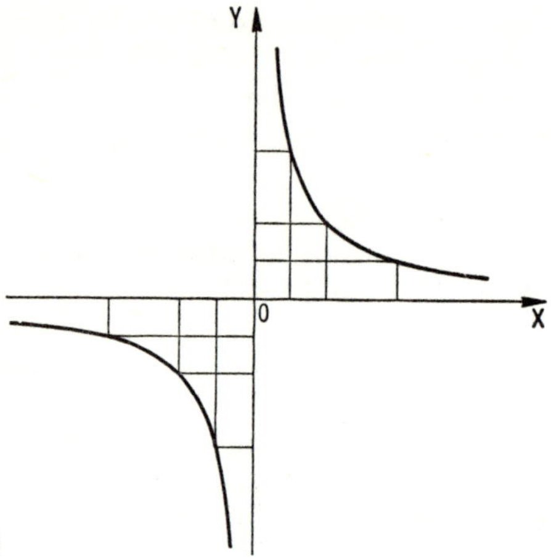

Fig. 35

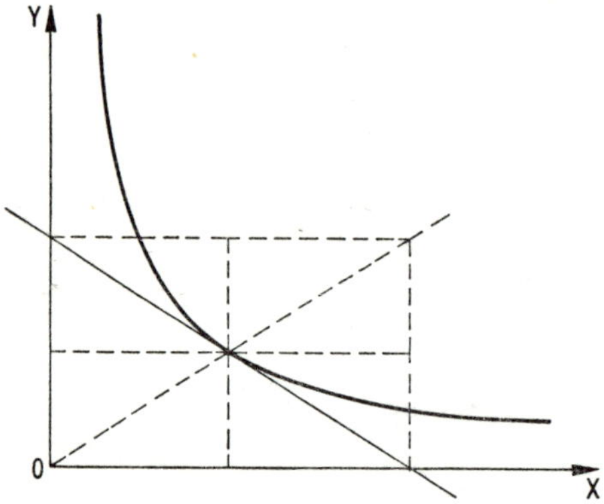

Fig.36

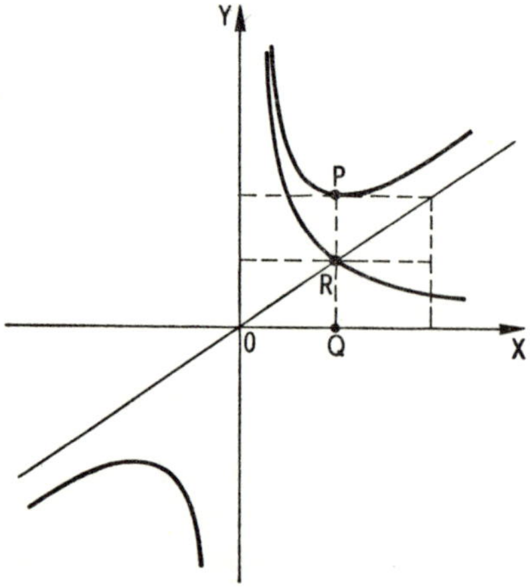

Fig. 37

schen Stroms mit Bezug auf den Widerstand usw.); im Fall des **Direkt-proportional-Seins** ist der Graph (wie etwas weiter oben flüchtig bemerkt) eine Gerade durch den Ursprung *O*.

Ein paar Bemerkungen: Wenn man das vergleicht, was wir in bezug auf Rechtecke mit einer Ecke auf einer Geraden (Beispiel des Maximalprofits) und in bezug auf Rechtecke mit einer Ecke auf der Hyperbel (gerade jetzt) gesagt haben, so ergibt sich – man beweise es als Übungsaufgabe (ÜP, 15) –, daß die Hyperbel $y = 1/x$ in jedem ihrer Punkte (x, y) die Gerade berührt, welche die Achsen in den Punkten mit doppelter Abszisse ($2x$ auf der x-Achse) bzw. mit doppelter Ordinate ($2y$ auf der y-Achse) schneidet, wie in Figur 36 gezeigt; die Steigung der Tangente ist darum die gleiche (nur mit umgekehrtem Vorzeichen) wie die der Geraden, die diesen Punkt der Hyperbel mit dem Ursprung *O* verbindet. Dieselbe Eigenschaft gilt für jede Kurve in einem Punkt, in dem xy ein Maximum hat – und darum genügt es, für die Gültigkeit des Ergebnisses bezüglich des Maximalprofits, daß diese Gerade zwar nicht der Graph selbst, wohl aber seine Tangente ist (ÜP, 16).

Auch für Warenvorräte

Manche interessante Anwendungen bieten eine Kombination der beiden Fälle der Variation im direkten und umgekehrten Verhältnis. Bei der Variation des Durchschnittsniveaus von Warenvorräten in einem Laden z. B. (Warenvorräte, deren Niveau hoch oder niedrig sein kann, je nachdem ob große Einkäufe auf lange Sicht oder kleine Einkäufe in nah aneinander gelegenen Zeitpunkten gemacht werden) wachsen gewisse Kostenfaktoren im direkten und andere im umgekehrten Verhältnis zu dem Niveau. Der Graph der kombinierten Kosten (von der Gestalt $y = a\,x + c/x$) ist wieder eine Hyperbel, aber in der von Figur 37 gezeigten Lage.

Die obenerwähnte Eigenschaft gestattet den Schluß, daß die Minimalkosten sich für den Punkt ergeben, für den die beiden Komponenten gleich sind (in Fig. 37: $ax = \overline{QR} = \overline{RP} = c/x$); das bedeutet

$$ax = c/x, \quad ax^2 = c, \quad x^2 = c/a, \quad x = \sqrt{c/a},$$

und diese Formel liefert die bestmögliche Lösung des betrachteten Problems; es bliebe nur noch, die Bedeutung der Konstanten zu untersuchen[19]).

Aus dem Vorhergehenden ergibt sich klar, auch wenn wir keine weiteren Erläuterungen hinzufügen können, daß sich Überlegungen dieser Art in bezug auf Funktionen anstellen lassen, die durch beliebig komplizierte Formeln dargestellt werden und den verschiedenartigsten Problemen entsprechen. Aber man tut gut daran, darauf hinzuweisen, *daß der Begriff der Funktion vollkommen allgemein ist.* Jeder Graph (wie der der Temperatur in Fig. 32), ob er mit der Hand ausgeführtes Gekritzel ist oder ob er eine Regel darstellt, auch wenn sie so unregelmäßig ist, daß man den Graphen kaum zeichnen kann, jeder Graph erzeugt eine Funktion: Es genügt, daß jedem Wert von x (zumindest jedem Wert, der von Interesse ist) auf irgendeine Art ein entsprechender Wert $f(x)$ zugeordnet ist.

Zusammenfassend läßt sich also sagen: **Um von einer Funktion sprechen zu können, braucht keinerlei ‹Regelmäßigkeit› vorzuliegen;** aber natürlich interessieren wir uns besonders für Funktionseigenschaften, die uns verschiedene Gattungen unterscheiden lassen (z.B. *kontinuierliche* Funktionen, *analytische* Funktionen usw.; es wäre jedoch unangebracht, sich hier auf diese Begriffe einzulassen).

[19]) Für Einzelheiten, die hier nicht am Platz sind, vergleiche man z.B. (BN 6, S. 220). Wir haben in dem Obigen ein neues Beispiel für die Bestimmung eines ökonomischen Optimums (auf Grund der Hinweise von Kap. 7); das Optimum liegt auch hier in dem Punkt, in dem die Grenzvariationen gleich sind (eine kleine Verschiebung längs der Kurve würde die eine der Kostenkomponenten um ebensoviel zunehmen lassen, als sie die andere abnehmen ließe: Die Steigungen sind gleich, aber mit umgekehrten Vorzeichen).

12

Wie fruchtbar ein umfassendes Bild sein kann!

Es liegt ein sehr bescheidenes rückständiges Problem vor, erinnert ihr euch daran?, das seit Kapitel 5 in der Schwebe geblieben ist: dasjenige, welches Figur 11 erläutert, aber nur insofern es sich auf das aus den drei kleinen Dreiecken I, II und III gebildete Dreieck bezieht. Im wesentlichen handelt es sich einfach um folgendes: *Ein gegebenes Dreieck ist durch Strecken, die von seinen Ecken ausgehen und sich in einem Punkt P im Inneren des Dreiecks treffen, in drei Dreiecke mit vorgeschriebenen Inhalten zu teilen.* Nehmen wir z.B. an, indem wir uns auf Figur 38 beziehen,

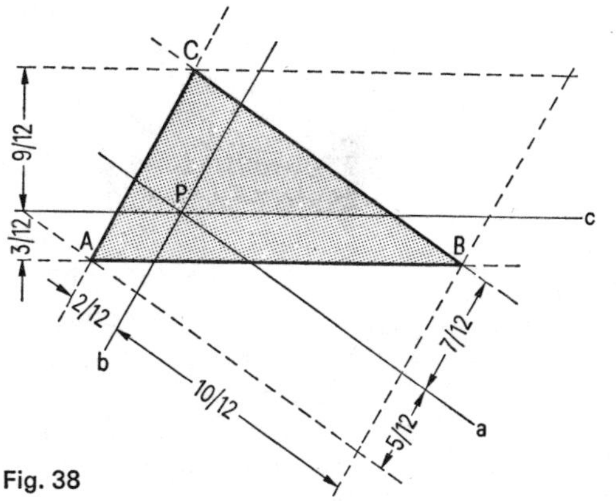

Fig. 38

daß der Inhalt $ABP = {}^3/_{12}$, der Inhalt $BCP = {}^7/_{12}$ und der Inhalt $CAP = {}^2/_{12}$ sein soll, wobei der Inhalt $ABC = 1$ gesetzt ist. Die erste Bedingung erfordert, daß die Höhe von ABP

$= {}^{3}/_{12}$ ($= {}^{1}/_{4}$) derjenigen von ABC ist (da beide Dreiecke die identische Grundlinie haben), d.h. daß P auf der Geraden c liegt; ähnlich erfordern die beiden anderen Bedingungen, daß P auf der Geraden a und auf der Geraden b liegt; auf diese Weise ist P vollkommen bestimmt (ÜP, 17).

Sprechen wir von ‹geometrischen Örtern›!

Was soll an einer so banalen Überlegung Besonderes sein? Die Tatsache, daß der Begriff, ‹die Probleme schrittweise in Angriff zu nehmen›, dessen Wichtigkeit wir hervorgehoben und immer wieder betont haben, hier auf raffiniertere Weise angewendet wird. Während wir in den Figuren 9 und 10 *ein Dreieck nach dem anderen* konstruieren konnten (indem wir eine Folge von Problemen lösten, in deren jedem wir nur eine einzige der gesamten Bedingungen benützten), erhalten wir hier die drei Dreiecke *gleichzeitig* dadurch, daß wir, um den Punkt P zu bestimmen, ihm *gleichzeitig* alle Bedingungen auferlegen. Aber jede Bedingung, wenn sie auch nicht genügt, um P festzulegen, sagt etwas über P aus: Sie sagt aus, daß P auf einer gewissen Geraden liegen muß (der Geraden c usw.). Diese Gerade (oder in anderen Problemen eine Kurve, eine Fläche, irgendeine Punktmenge) heißt der **geometrische Ort** der Punkte, welche jener Bedingung genügen. Wenn mehrere Bedingungen gegeben sind, so ist der geometrische Ort der Punkte, welche sie alle befriedigen, der **Durchschnitt** der den einzelnen Bedingungen entsprechenden geometrischen Örter.

Wollte man dies mit Bezug auf *Gleichungen* ausdrücken, so müßte man sagen, daß man es mit *einem System von Gleichungen* zu tun hat, die *gleichzeitig* gelöst werden sollen (nicht getrennt, eine nach der anderen, wie in den einfacheren, im vorhergehenden auftretenden Fällen).

Die Straßen mit verschieden schwerem Verkehr

Hier folgt ein weiteres, etwas weniger banales Beispiel (nochmals das bereits bekannte der kürzesten Straße, die drei Orte A, B und C miteinander verbindet; vgl. in Kap. 7 ‹Wie läßt sich der Weg verkürzen?›). Aus den dort erläuterten Gründen handelt es sich wie oben darum, einen im Inneren des Dreiecks ABC gelegenen Punkt P zu finden, der jedoch diesmal den Bedingungen genügen muß, daß von ihm aus jede Seite (AB, BC, CA) des Dreiecks unter dem gleichen Winkel (120°) (s. Fig. 39)

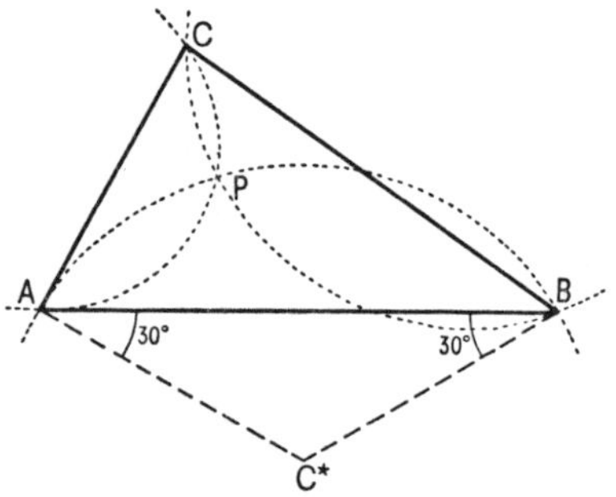

Fig. 39

erscheint. Damit der Winkel APB 120° beträgt, ist notwendig[20]), daß P auf dem von A und B begrenzten Bogen des Kreises liegt, der seinen Mittelpunkt in dem Punkt C^* hat, der dadurch festgelegt ist, daß in dem Dreieck ABC^* die Winkel bei A und B je 30° betragen und der bei C^* 120°. Entsprechendes gilt für die beiden anderen Seiten. Somit ist P der den drei Kreisbogen gemeinsame Punkt.

Dieselbe Konstruktion gilt für die Verallgemeinerung des Problems (auf die zu Beginn des obenerwähnten Unterabschnitts von Kap. 7 bereits hingewiesen wurde), in der man den Längen der drei Straßenstücke verschiedene

[20]) Der Grund hierfür liegt in dem Satz, demzufolge der Winkel APB konstant bleibt, wenn P einen von A und B begrenzten Kreisbogen beschreibt (‹weil der Mittelpunktswinkel gleich dem Doppelten des Umfangswinkels ist› (*ÜP*, 18, 19).

‹Gewichte› erteilt. Es kann z.B. sein, wenn es sich um den Punkt handelt, in dem eine Schule errichtet werden soll, daß es in den drei Orten A, B und C voneinander verschiedene Zahlen von Schülern gibt, so daß die Summe der zurückzulegenden Entfernungen $a\overline{AP} + b\overline{BP} + c\overline{CP}$ beträgt (wobei a, b und c je die Zahl oder einen Prozentsatz der Zahl der Schüler in A, B und C darstellen). Handelt es sich aber darum, die Kosten des Verkehrs zwischen den drei Orten so gering wie möglich zu gestalten und ist die Intensität des Verkehrs zwischen A und B gleich r, zwischen B und C gleich s und zwischen C und A gleich t, so erhalten wir die Intensität auf den drei Straßenstücken (von P nach A, B und C), indem wir summieren: $a = r + t$, $b = r + s$, $c = s + t$[21]). In beiden Fällen hat man das Dreieck mit den Seiten a, b und c zu konstruieren (s. Fig. 40), um herauszufinden,

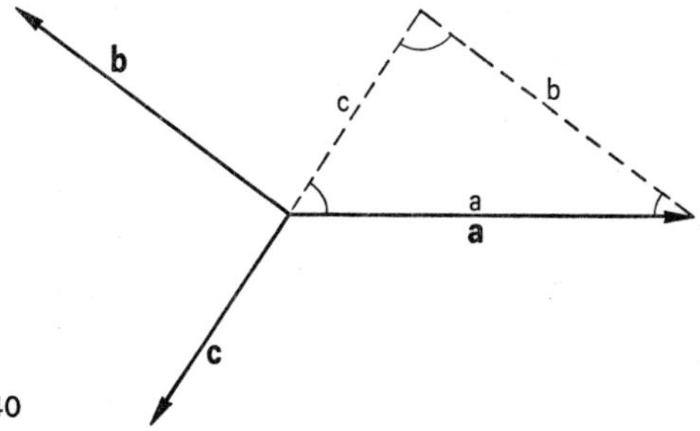

Fig. 40

welche Winkel drei Kräfte von den respektiven Beträgen a, b und c miteinander bilden müssen, um sich das Gleichgewicht zu halten. Danach ist die Konstruktion dieselbe wie in Figur 39, nur daß die Kreisbogen über den drei Seiten a, b und c die geometrischen Örter der Punkte P sind, von denen aus bzw. a unter dem Winkel α, b unter dem Winkel β und c unter dem Winkel γ erscheint und nicht wie vorher $\alpha = \beta = \gamma = 120°$ ist.

Der Leser wird bemerkt haben, daß zur Bestimmung von P *zwei* Kreisbogen (im vorhergehenden Fall *zwei* Geraden) genügen. Und in der Tat war in beiden Fällen jede der drei Bedingungen eine Folge der beiden anderen (wenn zwei der drei Dreiecke den vorgeschriebenen Inhalt haben, dann hat ihn auch das dritte; wenn zwei der drei Winkel 120° betragen, dann beträgt auch der dritte 120°; und allgemein, wenn zwei Winkel α und β betragen, so beträgt der dritte $\gamma = 360° - \alpha - \beta$). Im allgemeinen genügen zur Bestimmung eines Punktes in der *Ebene zwei Kurven*, im *Raum drei Flächen* (ÜP, 20).

Es ist jedoch nicht gesagt, daß auf diese Art notwendigerweise ein (und nur ein) Punkt bestimmt wird: Wir können mehrere Punkte erhalten (Probleme mit mehreren Lösungen) oder keinen (Probleme ohne Lösung). Im Beispiel der Figur 38 gibt es immer eine (und nur eine) Lösung; in demjenigen der Figur 39 (wie in Kap. 7, Fußnote 9, bereits erwähnt) gibt es keine Lösung, wenn das Dreieck ABC einen Winkel von mindestens 120° enthält (die Lösung des Straßenproblems gestaltet sich dann anders). Wir überspringen andere Hinweise, die zu weit führen könnten; wir bemerken nur noch, daß manchmal die gefundene Lösung (oder die gefundenen Lösungen oder einige davon) als unbrauchbar gestrichen werden[22]).

[21]) Statt a, b und c (die nur die Verkehrskosten in Betracht ziehen) müßte man im allgemeinen $a' = a + k$, $b' = b + k$, $c' = c + k$ setzen, indem man auch die Konstruktionskosten in Betracht zieht.

[22]) In dem Problem des Warenvorrats (Kap. 11, Fig. 37) hatte sich die Lösung $x = \sqrt{c/a}$ ergeben; aus $x^2 = c/a$ hätten wir jedoch zwei Lösungen, $x = \pm\sqrt{c/a}$, ableiten können, und wenn wir nicht stillschweigend in Betracht gezogen hätten, daß das Problem nur für nicht negative x Sinn hat, so hätten wir die negative Wurzel streichen müssen mit der ausdrücklichen Bemerkung, daß sie dem Problem nicht entspricht. Dieser Wurzel fehlt es jedoch in der geometrischen Darstellung nicht an Bedeutung. Wie die positive Wurzel das *Minimum* angibt, das die Hyperbel auf ihrem oberen Ast erreicht, so gibt die negative Wurzel das *Maximum* an, das die Hyperbel auf ihrem unteren Ast, der zu dem oberen mit Bezug auf O symmetrisch ist, erreicht (s. Fig. 37).
Man beachte: Diese Kurve hat nur ein Maximum und ein Minimum, und **das Minimum ist größer als**

Es ist immer lehrreich, ein Problem in seiner Ganzheit zu betrachten und sich die geometrischen Örter vorzustellen, auf denen diese oder jene der verschiedenen Bedingungen erfüllt ist, und sich Rechenschaft darüber abzulegen, wie vollkommen allgemein diese Formulierung mittels geometrischer Örter ist. (Sie ist nicht daran gebunden, daß diese ‹Örter› Gerade oder Kreise oder andere bekannte Kurven sein müssen.) Nehmen wir z.B. an, eine Insel würde vom Festland durch einen Meeresarm getrennt, der an seiner engsten Stelle nicht breiter als 2 km wäre, und wir wollten die Punkte in dem Meeresarm finden, die sowohl von der Insel als von dem Festland genau 1 km entfernt sind. Dann müssen wir uns die Linien vorstellen, die in dieser Entfernung von jeder der beiden Küsten verlaufen (und die wir oft auf geographischen Karten eingezeichnet finden, um den Küstenverlauf klarer hervortreten zu lassen); in Figur 41 sind diese 1-km-Linien angegeben,

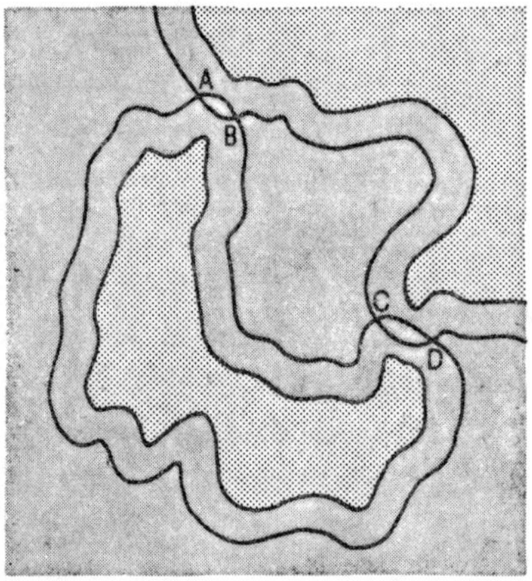

Fig. 41

die geometrischen Örter, für deren Schnittpunkte wir uns interessieren (in Fig. 41 sind es die Punkte A, B, C und D).

das Maximum (sie liefert somit das klassische Beispiel einer solchen scheinbaren Anomalie); scheinbar, weil es sich um *relative*, d.h. sich auf die *Umgebung* beziehende Maxima und Minima handelt und nicht um *absolute*, d.h. solche, die sich auf den gesamten Verlauf der Funktion beziehen.

Ein Dreieck zu konstruieren derart, daß...

Für die wenigen Bemerkungen, die es noch zu machen gilt, genügt es, sich auf Probleme von Dreieckskonstruktionen zu beschränken, bei denen die Grundlinie (die Strecke AB) gegeben ist und ferner Bedingungen gegeben sind, welche den dritten Eckpunkt P festlegen. Wir bezeichnen die Seiten wie gewöhnlich mit $a = BP$, $b = AP$ und $c = AB$ (wobei c als gegeben vorausgesetzt wird). Nehmen wir nun an, die Summe und die Differenz der beiden unbekannten Seiten seien gegeben, und setzen wir $a + b = s$, $a - b = d$. Was den geometrischen Ort der Punkte betrifft, welche die erste Bedingung (oder Gleichung) befriedigen, wissen wir, daß er eine *Ellipse* ist, und wenn wir die erste Bedingung durch die zweite ersetzen, so erhalten wir als geometrischen Ort eine *Hyperbel;* beide Kegelschnitte sind auf A und B als Brennpunkte bezogen. Figur

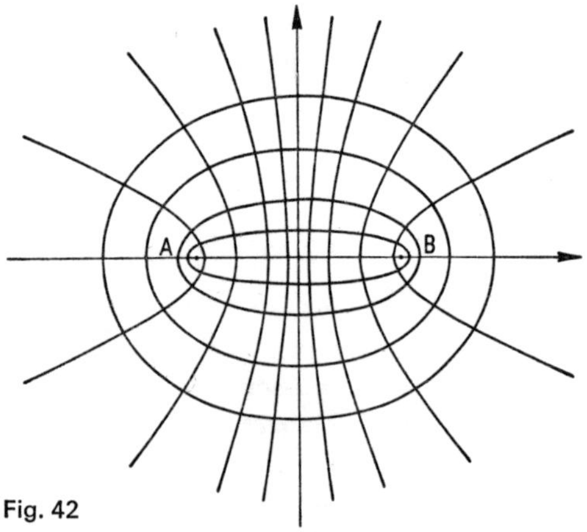

Fig. 42

42, die ein aus einigen solchen Ellipsen und Hyperbeln (mit den Brennpunkten in A und B) gebildetes Netz zeigt, läßt uns durch Augenschein wahrnehmen, wie der Punkt P seine Lage ändert (d.h. wie das Dreieck seine Gestalt ändert), wenn wir den in der Aufgabe vorgegebenen Wert der Summe oder der Differenz oder beide Werte variieren.

Die Betrachtung dieser geometrischen Örter (der Ellipsen und Hyperbeln) entspricht der Betrachtung der beiden Gleichungen $a+b=s$, $a-b=d$, die uns ursprünglich gegeben wurden. Aber es ist klar, daß sich aus diesen Gleichungen ohne weiteres $a=(s+d)/2$, $b=(s-d)/2$ ableiten läßt, so daß wir auf die ganz elementare Aufgabe zurückgeführt werden, ein Dreieck zu konstruieren, wenn die drei Seiten gegeben sind. Diese Überlegung hat den Zweck (auf allerdings wenig großartige Weise), eine bei der Betrachtung komplizierterer Fälle wesentliche Tatsache hervorzuheben: nämlich wie man durch die Bearbeitung der Gleichungen versuchen muß und wie es einem auf diese Weise oft gelingen wird, die Formulierung einer Aufgabe zu vereinfachen und diese womöglich mathematisch auf formale Weise zu lösen.

Ist $a = \overline{BP}$ = der Entfernung zwischen B und P gegeben, so bedeutet das, daß dem Punkt P als geometrischer Ort der Kreis mit dem Mittelpunkt in B und dem Radius a zugeordnet ist (und ähnlich für b); sind a und b gegeben, so bestimmt sich P als der Schnittpunkt zweier Kreise. (Wir erhalten *zwei* Schnittpunkte P' und P'', symmetrisch zu AB, wenn $a+b>c>|a-b|$[23]) ist, *keinen*, wenn in den beiden Ungleichungen ein Zeichen sich umkehrt; und *einen einzigen*, auf der Geraden AB gelegenen, wenn in der obigen Kette ein Zeichen "=" vorkommt; in diesem letzten Fall entartet das Dreieck in eine Strecke. Hier ist ein handgreifliches Beispiel einer Aufgabe, die zwei Lösungen, eine oder keine zuläßt (je nach der Wahl der Daten: hier a, b und c).

Es ist zu beachten, daß alles oben Gesagte unter der Voraussetzung gilt, daß wir *in der Ebene* operieren; *im Raum* wären die beiden geometrischen Örter nicht mehr die Kreise, sondern die *Kugeln* mit Mittelpunkt B und Radius a bzw. mit Mittelpunkt A und Radius b, und der geometrische Ort der Punkte P, die beiden Bedingungen genügen, wäre ihr Schnittkreis: der Kreis, der von P' (und entsprechend von P'', angenommen, wohlverstanden, daß diese Punkte existieren) beschrieben würde, indem man das Dreieck ABP' um seine Grundlinie AB rotieren ließe oder, wenn man das vorzieht, die ganze Ebene um die Gerade AB (ÜP, 21).

Das nächste Beispiel erweist sich, auch wenn es weniger auf der Hand liegt, aber darum vielleicht belangreicher und bedeutsamer ist, nach einfachen Überlegungen als ebenso elementar wie die vorhergehenden. Was ist der geometrische Ort des Punktes P, wenn die Länge der Seitenhalbierenden durch die Ecke B des Dreiecks ABP vorgegeben ist (d.h., wenn $\overline{BM} = m$ gegeben ist, wobei M der Mittelpunkt der Strecke AP ist)? Offensichtlich (s. Fig. 43) ist der geometrische Ort des Punktes M der Kreis mit Mittelpunkt in B und Radius m; und da P auf der Verlängerung von AM in der doppelten Entfernung von A liegt, ist der geometrische Ort von P ein Kreis, für den der Radius und die Entfernung seines Mittelpunkts von A doppelt so groß sind wie die entsprechenden Größen für den ersten Kreis (Radius $2m$, Mittelpunkt in B' auf der Verlängerung von AB und derart, daß $\overline{BB'} = \overline{AB}$ ist). Auf diese Weise ergibt sich die Konstruktion des Dreiecks, wenn außer der Grundlinie diese Seitenhalbierende und noch ein weiteres Element gegeben wird: Seite, Winkel usw. oder noch eine andere Seitenhalbierende, die durch A oder auch die durch P, die einfach die Entfernung des Punktes P vom Mittelpunkt von AB ist; vgl. (ÜP, 11).

[23]) Durch die vertikalen Striche stellt man den **absoluten Betrag** der zwischen ihnen eingeschlossenen Zahl dar, d.h. die Zahl selbst, wenn sie bereits positiv ist, oder, wenn sie negativ ist, die (positiv gemachte) Zahl, die aus der Umkehrung des Vorzeichens hervorgeht:

$|x| = x$ für $x \geqq 0$, $|x| = -x$ für $x < 0$.

13

Wie fruchtbar ein deformierbares Bild sein kann!

Das letzte Problem, die Seitenhalbierende betreffend (s. Fig. 43), liefert uns ein einfaches Beispiel einer Transformation (der Transformation einer Figur oder der ganzen Ebene, wie man es sich lieber vorstellt; und dasselbe kann man sich im Raum vorstellen). Man kann nämlich den großen Kreis mittels eines in A angebrachten Pantographen als eine Vergrößerung des kleinen Kreises erzeugen, die alle diesen kleinen Kreis betreffenden Maße verdoppelt. Durch den Pantographen wird tatsächlich jeder Punkt der Ebene in einem Punkt auf derselben von A ausgehenden Halbgeraden, aber in der doppelten Entfernung von A übergeführt. Man kann sich auch vorstellen, daß sich die ganze Ebene auf solche Weise ausdehnt oder streckt, daß sich in jeder Richtung jede Länge, bei festbleibendem A, verdoppelt; das Resultat ist das gleiche. Wie auch immer man eine solche Transformation auffassen will, sie wird als **perspektivische Ähnlichkeitstransformation** oder als **zentrische Streckung** mit Zentrum A bezeichnet. Für das **Streckungsverhältnis** oder den **Streckungskoeffizienten,** der durch p (Proportion) dargestellt sein mag, gilt in unserem Fall $p = 2$, aber p könnte eine beliebige Zahl sein. Ist $p > 1$, so haben wir eine Vergrößerung; ist $p < 1$, aber positiv, eine Verkleinerung; ist $p = 1$, so ändert sich nichts, und wir sagen, die Transformation sei die **Identität;** ist p negativ, so ergibt sich für $p = -1$ die **Symmetrie mit Zentrum in A;** und wenn der absolute Betrag von p kleiner oder größer als 1 ist, tritt dazu die entsprechende Verkleinerung oder Vergrößerung. (Für $-p$ haben wir denselben Effekt wie für p unter Hinzufügung der Symmetrie mit Bezug auf A.) Der Fall $p = 0$ ergibt den **entarteten** Fall, der alle Punkte in A überführt.

Das Heranziehen der Vorstellung einer perspektivischen Ähnlichkeit verhalf uns in dem Beispiel der Figur 43 dazu, leicht zu verstehen,

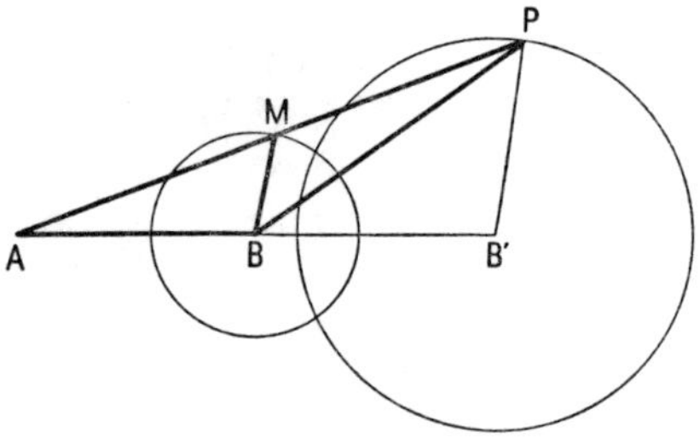

Fig. 43

wo der Kernpunkt der Frage lag, und es kann uns in vielen Fällen helfen, die Ausführung einer sonst ‹unmöglichen› Konstruktion in etwas Banales zu verwandeln. Nehmen wir z.B. die folgende (einer Maturitätsprüfung für das Realgymnasium entnommene) Aufgabe: Es ist ein Dreieck zu konstruieren, wenn die Höhe und der Winkel gegeben sind, die der Grundlinie gegenüberliegen, und der Fußpunkt H der Höhe die Grundlinie AB im Verhältnis 1:3 teilt. Fängt man sofort mit der Höhe an, so gerät man auf die falsche Fährte; aber wenn man statt dessen die Grundlinie AB beliebig festlegt, läßt sich ohne Schwierigkeit ein zu dem gesuchten ähnliches (sogar perspektivisch ähnliches) Dreieck konstruieren, und man erhält dann das gesuchte Dreieck, indem man die Höhe auf die vorgeschriebene Länge bringt (ÜP, 22).

Es handelt sich hier überall um einfache Beispiele, aber was sie erläutern, ist von allgemeinem Belang und größter Wirksamkeit. Wir wollen uns im folgenden mit ein paar weiteren Transformationen befassen, auf die leicht hingewiesen werden kann, und uns dabei klarmachen, wie leicht es ist, sich wiederum weitere vorzustellen und sie zu untersuchen; dadurch werden wir einen Begriff davon gewinnen, wie nützlich und fruchtbar das auf Transformationen gegründete Denken ist, um ein auf geeignete Weise *deformierbares, änderungsfähiges* Bild einer Aufgabe zu erzeugen. Es ist in der Tat allgemein von größter Bedeu-

tung, zu erkennen, was sich bei einer gegebenen Art von Transformation an einer Aufgabe ändert und was sich *nicht ändert*, d.h. *invariant* ist.
Es wäre z.B. höchst vorteilhaft zu wissen, ob es für den Beweis, daß eine Eigenschaft *für alle Dreiecke* gilt, genügt oder nicht, ihn nur für den Fall des gleichseitigen Dreiecks zu erbringen (was häufig viel einfacher ist). Wenn wir z.B. gefunden haben, daß im gleichseitigen Dreieck die Höhen sich in *einem* Punkt schneiden und daß sie sich in diesem Punkt gegenseitig im Verhältnis $^1/_3$ zu $^2/_3$ teilen, und ferner gefunden haben, daß dieselbe Eigenschaft auch für die Seitenhalbierenden und für die Winkelhalbierenden gilt, weil im Fall des gleichseitigen Dreiecks diese Linien mit den Höhen zusammenfallen, so erhebt sich die Frage, welche dieser Eigenschaften immer, d.h. für jedes Dreieck, gelten und welche nicht. An Hand dieses Beispiels läßt sich auf zweckmäßige Weise der Begriff der **affinen Transformation** einführen, der unter gewissen Gesichtspunkten wichtigsten aller Transformationen: Affin heißt jede Transformation, die Gerade in Gerade überführt und Parallelismus erhält. Wenn man sich z.B. die Punkte der Ebene auf ein rechtwinkliges Achsensystem bezogen denkt, kann man eine affine Transformation herbeiführen, indem man alle auf eine der Achsen bezogenen Entfernungen in einem festen, aber beliebigen Verhältnis verlängert oder verkürzt – man kann das auch für beide Achsen unabhängig voneinander tun und außerdem das Achsensystem schiefwinklig machen, indem man den Achsen beliebige Drehungen um den Ursprung erteilt; dabei gehen wir über die eventuelle Änderung der ‹Orientierung der Ebene› hinweg.
Es ist also auf Grund der Definition einer affinen Transformation durchaus natürlich, daß die die *Seitenhalbierenden* betreffende Eigenschaft des Dreiecks unter affinen Transformationen invariant bleibt – d.h. daß sie eine *affine Eigenschaft* ist –, während das für die die Höhen und Winkelhalbierenden betreffenden Eigenschaften nicht der Fall ist; bei den beschriebenen Deformierungen ändern sich die Längenverhältnisse auf *parallelen Strecken* nicht (darum verwandeln sich Seitenhalbierende in Seitenhalbierende usw.); dagegen können sich die Längenverhältnisse nichtparalleler Strecken beliebig ändern, so daß die Beziehung der Orthogonalität und allgemein die Größe eines Winkels usw. nicht invariant sind. (Man sieht das leicht ein, wenn man sich z.B. überlegt, was unter einer affinen Transformation aus einem Kreis wird, wobei man sich die Transformation als so herbeigeführt vorstellen sollte, wie es am Ende des vorigen Absatzes beschrieben ist.) Invariant sind dagegen die Verhältnisse zwischen Flächeninhalten; wäre uns dies bekannt gewesen, so hätten wir, falls wir das gewollt hätten, die in Figur 38 gegebene Konstruktion, im Hinblick darauf, daß sie wegen ihres affinen Charakters immer gültig bleibt, allein mit Bezug auf das gleichseitige Dreieck angeben können. Durch solche Überlegungen kann die Lösung von Problemen, die auf den ersten Blick durchaus nicht auf der Hand liegt, sinnfällig werden. Wenn man z.B. in Betracht zieht, daß die Ellipse ein affin deformierter (sozusagen gepreßter) Kreis ist, so ergibt sich für ihren Inhalt ohne weiteres die Kreiszahl π, multipliziert mit dem Inhalt des aus der halben Haupt- und Nebenachse gebildeten Rechtecks; es ergibt sich ohne weiteres, daß es genügt, wenn man die Ellipse z.B. in 12 gleiche Sektoren zerlegen will, auf sie die entsprechende Zerlegung des Kreises auf affine Weise zu übertragen; es ergibt sich insbesondere ohne weiteres das Folgende: Die beiden Durchmesser eines Paares, welches die Ellipse in vier gleiche Teile zerlegt – sie heißen *konjugierte Durchmesser* –, entsprechen zueinander senkrechten Durchmessern des Kreises; somit ist entsprechend dem Verhalten der Kreisdurchmesser jeder dieser Ellipsendurchmesser zu

den an den Endpunkten des anderen gezogenen Tangenten parallel (und halbiert die zu dem anderen parallelen Sehnen). Figur 44

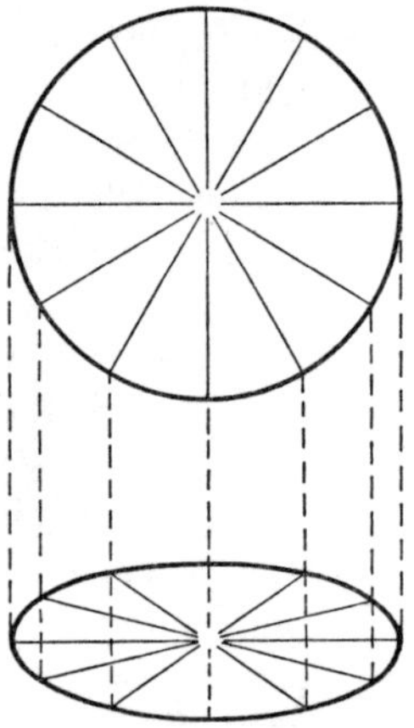

Fig. 44

kann als eine in Vorder- oder Schrägansicht gesehene Uhr betrachtet werden; sie weist drei Paare konjugierter Durchmesser auf.

Ein sehr interessanter Begriff, den man oft mit Vorteil heranzieht, ist der Begriff der Konvexheit; es ist wichtig zu wissen, daß die Eigenschaft, konvex zu sein, eine affine Eigenschaft ist. Eine Figur (gleichgültig ob eben oder räumlich) heißt konvex, wenn eine zwei ihrer Punkte verbindende Strecke der Figur vollkommen angehört; um den Begriff der Konvexheit anschaulicher zu gestalten, kann man sagen, daß eine konvexe Figur ‹keine Einbuchtungen› hat, die einer Geraden, z.B. einer langen Nadel, gestatten würden, aus der Figur heraus- und dann wieder in sie hineinzutreten. Da in einer affinen Transformation Strecken in Strecken übergehen, gehen auch konvexe Figuren in konvexe Figuren über (ÜP, 23).

Im Gegensatz zu den affinen Eigenschaften heißen diejenigen **metrisch**, die zwar unter affinen Transformationen nicht invariant sind, wie sich das für Längen und Winkel ergab, die jedoch unter **Schiebungen**, unter **Symmetrien** mit Bezug auf eine Gerade und unter **Drehungen** erhalten bleiben. (Eine Drehung wird festgelegt durch ihren Drehwinkel, α, und ihr Drehzentrum, A; für $\alpha=180°$ haben wir dieselbe Transformation wie für die perspektivische Ähnlichkeit mit $p = -1$ – oder die Symmetrie – mit Zentrum A.) Handelt es sich darum, nur das *Verhältnis zwischen Original- und Bildlängen* zu erhalten (nicht die Längen selbst, d.h. läßt man eine Maßstabsänderung zu), so hat man es mit den **(allgemeinen) Ähnlichkeitstransformationen** zu tun; sie ergeben sich, indem man auf eine Drehung oder eventuell eine Symmetrie mit Bezug auf eine Gerade eine perspektivische Ähnlichkeit folgen läßt; diese liefert in ihrem Streckungskoeffizienten p die Maßstabsänderung in Gestalt des Verhältnisses von 1 zu p. Hierbei muß bemerkt werden, daß die perspektivischen Ähnlichkeiten als Grenzfall die Schiebungen einschließen.

Produkte, nicht von Zahlen, sondern von ...

Es ist theoretisch von fundamentaler Wichtigkeit und ist nötig, um praktische Fragen in Angriff nehmen zu können, die mit den gerade besprochenen Begriffen zusammenhängen, daß man sich überlegt, was geschieht, wenn man zwei Transformationen – wir nennen sie S und T – nacheinander ausführt, ob und wie man zu der ursprünglichen Situation zurückkehren könnte usw. Auch hier erweist es sich sofort als nützlich, auch wenn es nur im Interesse der knapperen Darstellung wäre, Symbole einzuführen, für die sich ein Algorithmus entwickeln läßt (s. Kap. 9): Wir bezeichnen mit TS die Transformation, die man erhält, indem man *zuerst die Transformation S und dann die Transformation T ausführt*, und bezeichnen die resultierende Transformation als das **Produkt** von T mit S. Wenn S den Punkt P in den Punkt P' überführt [wir schreiben $P' = S(P)$] und T den Punkt P' in den Punkt P'' [$P'' = T(P')$], so ist die Transformation, die P in P'' überführt, natürlich

$TS(P) = T[S(P)] = T(P') = P''$[24]. Wir bezeichnen als die zu S **inverse** Transformation diejenige Transformation (wenn sie existiert), welche die Wirkung von S aufhebt (sie existiert, wenn S verschiedene Punkte in verschiedene Punkte verwandelt). Die zu S inverse Transformation – wir bezeichnen sie mit S^{-1} – ist also derart, daß wir für $S(P) = P'$, $S^{-1}(P') = P$ erhalten, d.h., daß $S^{-1}[S(P)] = P$ ist für jeden Punkt P, oder schließlich, daß $S^{-1}S = 1$ oder I ist, wobei wir mit 1 oder I die **identische** Operation bezeichnen (die Transformation, die nichts ändert).

Mit dieser Terminologie können wir in knapper Form viele Dinge sagen, die wichtig sind (und durchaus verständlich; wir beschränken uns darauf, im Hinblick auf die rein erläuternde Orientierung dieser Bemerkungen, nur eine davon zu beweisen).

Das *Produkt* zweier *Affinitäten* ist eine *Affinität;* das *Produkt* zweier *Schiebungen* ist eine *Schiebung;* das *Produkt* zweier *perspektivischer Ähnlichkeitstransformationen* ist eine *perspektivische Ähnlichkeitstransformation* (wenn wir den Grenzfall der Schiebungen einschließen); das *Produkt* zweier *Drehungen* ist eine *Drehung* (wenn wir wieder als Grenzfall die Schiebungen einschließen); das *Produkt* zweier (allgemeiner) *Ähnlichkeitstransformationen* ist eine *Ähnlichkeitstransformation* ... und, vom Strom dieser Behauptungen getragen, möchte es einem selbstverständlich erscheinen, daß man fortfahren kann, dasselbe über Symmetrien und jede Familie von Transformationen auszusagen. Statt dessen ist aber das Produkt zweier Symmetrien eine Drehung. (Nehmt ein Blatt Papier, wendet es zweimal um zwei Geraden um 180°, und ihr werdet euch davon überzeugen!) Man drückt dieses verschiedene Verhalten von verschiedenen Familien von Transformationen aus, indem man sagt, daß die Affinitäten (und ebenso die Drehungen, Schiebungen usw.) eine **Halbgruppe** bilden, während dies für die Symmetrien nicht der Fall ist; dabei ist eine Halbgruppe eine Gesamtheit von Transformationen derart, daß *sukzessive Produkte ihr immer wieder angehören,* so daß man durch die Produktbildung nie aus ihr heraustritt. Eine Halbgruppe wird als **Gruppe** bezeichnet, wenn sie außer der erwähnten Eigenschaft die weitere besitzt, daß sie *zugleich mit jeder Transformation,* die sie enthält, *auch die zu dieser inverse Transformation enthält.* (Dies gilt ohne weiteres für Schiebungen und Drehungen; für Affinitäten hat man nur dann eine Gruppe, wenn man die entarteten ausschließt, welche die ganze Ebene in eine Gerade oder in einen Punkt verwandeln; dasselbe gilt für perspektivische und allgemeine Ähnlichkeitstransformationen; bei diesen sind die einzigen entarteten Fälle diejenigen, welche die ganze Ebene in einen Punkt verwandeln.)

Wohlgemerkt: Das Gesagte gilt für die Ebene; im Raum gelten analoge, aber nicht immer identische Verhältnisse. Es kann z.B. vorkommen, daß eine Bewegung eines starren Körpers nicht nur eine Drehung (um eine Achse) oder eine Schiebung ist, sondern eine **Schraubung**, d.h. Drehung um eine Achse und Schiebung längs derselben Achse; die Drehungen bilden also im Raum keine Gruppe mehr, da sich als das Produkt zweier Drehungen im allgemeinen eine Schraubung ergibt. Wir sprechen im folgenden ausschließlich von dem ebenen Fall (ÜP, 21 und 24).

Eine Gruppe kann **Untergruppen** enthalten, und das ist der gewöhnliche Fall. Eine Untergruppe einer Transformationsgruppe ist eine Gruppe von Transformationen, die aus einem

[24]) Auf den ersten Blick möchte es natürlicher scheinen, die Reihenfolge von T und S umzukehren. Um sich von dem Gegenteil zu überzeugen, genügt es, sich zu überlegen, daß z.B. auch in der Umgangssprache ‹die Frau des Bruders der Sängerin› bedeutet, daß man von der Sängerin zuerst auf ‹den Bruder der Sängerin› übergeht und dann auf ‹die Frau des Bruders›; und wenn ich sage, ‹die Hälfte des Quadrats von 6›, muß ich zuerst 6 ins Quadrat erheben und dann diesen Betrag durch 2 teilen ($^{36}/_2 = 18$) und nicht umgekehrt ($^1/_2 \cdot 6 = 3, 3 \cdot 3 = 9$).

Teil der Transformationen der ursprünglichen Gruppe besteht. Sinnfällige Beispiele von Untergruppen sind: die perspektivischen Ähnlichkeitstransformationen mit demselben Zentrum A und ähnlich für Drehungen und allgemeine Ähnlichkeitstransformationen; die Affinitäten und andere Transformationen, die einen oder zwei Punkte fest lassen; die Drehungen, deren Drehwinkel ein Vielfaches von 30° (oder allgemein von $360°/n$ für ganzzahliges n) ist; die perspektivischen Ähnlichkeitstransformationen mit positivem p usw. Für die Untersuchung einer Gruppe ist es von grundlegender Wichtigkeit, ihre Untergruppen zu kennen.

Von den Eigenschaften von Transformationen, deren Gültigkeit wir behauptet haben, verifizieren wir (im Moment) nur eine einzige: Das Produkt zweier Drehungen ist wieder eine Drehung oder eine Schiebung. Daß es eine Schiebung sein kann, weiß jeder, der, um einen Schrank gegen die Wand zu rücken, ihn zwei Drehungen ausführen läßt, indem er zuerst die eine Kante vorwärts schiebt und dann die andere. (Man macht es so, um die Reibung zu vermindern; aber das geht uns hier nichts an[25].) Daß sich ein Segment mittels zweier Drehungen aus der Anfangslage PQ in eine beliebige (auch zu der ursprünglichen parallele) Endlage $P''Q''$ überführen läßt, ergibt sich sofort aus der Tatsache, daß es sich (wie wir sehen werden) mittels einer Drehung in eine beliebige nichtparallele Lage $P'Q'$ überführen läßt (und von dort durch eine weitere Drehung in die Lage $P''Q''$); selbstverständlich bleibt die Länge erhalten ($\overline{PQ} = \overline{P'Q'} = \overline{P''Q''}$). Um mit Hilfe einer Drehung in die nichtparallele Lage $P'Q'$ überzuführen, genügt es, den dazu erforderlichen Drehpunkt zu finden; es muß ein Punkt O sein, derart, daß $\overline{OP} = \overline{OP'}$ und $\overline{OQ} = \overline{OQ'}$ ist (weil bei einer Drehung die Entfernungen der Punkte vom Drehzentrum erhalten bleiben); infolgedessen genügt es, für O den Schnittpunkt der Symmetrieachsen der Strecken, die P mit P' bzw. Q mit Q' verbinden, zu wählen (s. Fig. 45).

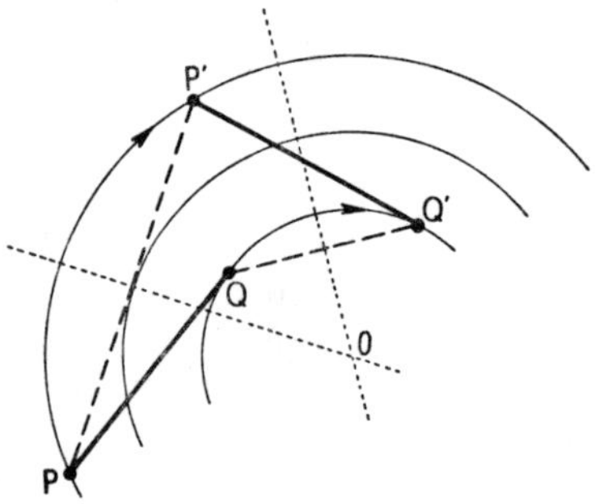

Fig. 45

[25]) Wir sagen dies hier, aber gleichzeitig wollen wir den Leser daran erinnern, wie vorteilhaft es ist, jede Gelegenheit zu ergreifen, um über andere Gesichtspunkte nachzudenken, die ein Problem, wenn auch nur nebenher, nahelegen kann. Man soll sie nicht mit einem ‹das geht mich nichts an› abtun.

Kann $AB \neq BA$ sein?

Viele einfache und interessante Erläuterungen und Überlegungen ließen sich bei der weiteren Verfolgung unseres Themas anstellen. Wir beschränken uns auf die Bemerkung, daß *das Produkt von Transformationen* **nicht notwendigerweise kommutativ ist** in dem Sinn, daß das Endresultat, wenn man die beiden Tranformationen sukzessive ausführt, nicht notwendigerweise von der Reihenfolge, in der man sie ausführt, unabhängig ist, d.h. davon abhängen kann, welche Transformation man an erster Stelle ausführt. Z.B. ist das Produkt von Drehungen mit verschiedenen Zentren nicht kommutativ (man verifiziere es zeichnerisch!) (ÜP, 25), und dasselbe gilt für perspektivische Ähnlichkeitstransformationen mit verschiedenen Zentren (wie wir in Kap. 14 sehen werden).

Dagegen liegt es auf der Hand, daß das Produkt von Drehungen (und von perspektivischen und daher allgemeinen Ähnlichkeitstransformationen) mit dem Zentrum in demselben Punkt (z.B. dem als Ursprung gewählten) kommutativ ist; diese (schon oben als

sinnfällige Beispiele von Untergruppen erwähnten) Gruppen stellen sich uns jetzt auch als sinnfällige Beispiele **kommutativer Gruppen** dar.
Es ist klar, daß eine derartige Eigenschaft erhebliche Vereinfachungen mit sich führt und daß sie Gruppen, die ihrer teilhaftig sind, wie die der erwähnten Ähnlichkeitstransformationen, besonderes Interesse und besondere Wichtigkeit erteilt; dennoch kann sich auf dieser Stufe niemand einen Begriff davon machen, welcher tiefgreifende Nutzen sich in der abstrakten Mathematik daraus ziehen läßt.

Ein ‹Mysterium› wird geklärt!

Die Mathematiker haben in der Tat mehr als zwei Jahrhunderte gebraucht, um zu erkennen, daß kommutative Transformationsgruppen die geeignete Interpretation (oder zum mindesten die sinnfälligste Darstellung) jener geheimnisvollen, gespenstischen Gebilde sind, auf die Bombelli (1550) in der Algebra gestoßen war, und die noch für Leibniz ‹Ungetüme, in der Schwebe zwischen Sein und Nichtsein› waren. Die beunruhigende Tatsache war, daß man exakte Resultate erreichen konnte, **indem man mit Wurzeln von negativen Zahlen operierte,** als hätten sie einen Sinn, während sie im gewohnten Gebiet der realen Zahlen keinen haben. Solche Wurzeln werden in der Form $\sqrt{-a} = \sqrt{a} \cdot \sqrt{-1} = \pm i\sqrt{a}$ dargestellt, wobei $i = \sqrt{-1}$ ist.
Im Bereich der Drehungen in der Ebene mit Drehzentrum im Ursprung möge eine Drehung um 180° (perspektivische Ähnlichkeitstransformation mit $p = -1$ oder Symmetrie mit Bezug auf den Ursprung) symbolisch durch -1 dargestellt werden; offensichtlich kann man eine Drehung um 180° erhalten, indem man zweimal eine Drehung um 90° ausführt, d.h. im Sinne des Operierens mit Transformationen, indem man zwei Drehungen um 90° miteinander multipliziert; daraus ergibt sich die gesuchte Eigenschaft, nämlich die Existenz zweier Wurzeln von -1. Bezeichnen wir eine Drehung um 90° mit i (eine Drehung um $-90°$ entsprechend mit $-i$), so erhalten wir $i \cdot i = -1$ $[(-i) \cdot (-i) = -1]$, so daß $\sqrt{-1} = \pm i$ ist. In dieser symbolischen Darstellung der Drehungen um 180°, 90° und $-90°$ bzw. durch -1, $+i$ und $-i$ haben wir somit auf Grund des Begriffs der Multiplikation von Transformationen eine Interpretation, die -1 (und somit jeder negativen Zahl, wie man leicht einsieht) die Eigenschaft erteilt, zwei sinnvolle Wurzeln zu haben. Der weitere Umstand, der in diesem Zusammenhang für uns von großem Nutzen ist, ist der, daß alle Ähnlichkeitstransformationen mit Zentrum im Ursprung in der Form $a + bi$ dargestellt werden können (wie sich auf selbstverständliche Weise im nächsten Kapitel zeigen wird).

14

Wie fruchtbar gewisse ‹moderne› Tendenzen sein können

Es geschieht häufig, daß man, beim Nachdenken über verschiedene praktische Anwendungen, auf Analogien oder Identitäten des Verhaltens von verschiedenen Begriffen stößt. Es ist fruchtbar, einer solchen Entdeckung nachzugehen und zu sehen, ob sie nicht die Einführung vereinheitlichender Ideen und Verfahren an die Hand geben kann. So haben wir es schon, nebenbei gesagt, mehrmals gemacht. Und so macht es (in *I numeri*) Emma Castelnuovo durch Hinweisen auf die (auf diesem Gebiet) vereinheitlichenden Begriffe; sie macht es auf sehr geschickte Weise, sozusagen um nur mit der Terminologie der neuen Begriffe bekanntzumachen und die Nützlichkeit der Einführung und Anwendung dieser Begriffe in Erscheinung treten zu lassen. Es ließen sich große Vorteile aus der vereinfachenden und vereinheitlichenden Wirkung allgemeiner Begriffe und Methoden ziehen; sie würden die Eliminierung der üblichen Überlappungen und Schwerfälligkeiten gestatten und dadurch mehr Zeit für Probleme und Anwendungen freigeben. Dabei darf man aber wohlverstanden nicht die konkreten Bedeutungen aus den Augen verlieren, deren Kondensierung die Aufgabe einer Abstraktion ist, und darf diese nicht ihrem bloßen Wortinhalt nach betrachten.

Punkte addieren: geniale Idee!

Wir halten uns hier bei einem einzigen Thema auf, an Hand dessen wir das oben Gesagte mit einem Mindestmaß an Einzelheiten und Beispielen erläutern können, wie auch an Hinweisen auf die Zusammenhänge, die notwendig sind, um zu zeigen, wie der Begriff, um den es sich handelt, praktischen Anforderungen gerecht wird. Es handelt sich, in geometrischer Terminologie, um die **affine Geometrie;** sie erscheint hier aufgefaßt als das mathematische Schema, das am geeignetsten ist, sowohl als Grundlage für das Studium der gewöhnlichen (euklidischen) Geometrie zu dienen als auch für viele praktische Dinge eine geometrische Darstellung zu liefern.

Um eine systematische Entwicklung (die hier nicht am Platz wäre) zu vermeiden, stellen wir ein Experiment an (wobei das Urteil über dessen Ratsamkeit dem Leser anheimgestellt bleibt). Wir wollen sehen, ob die Methode, um die es sich handelt, nicht so einfach ist, daß sie (wie wir hoffen) durch ein paar erklärende Hinweise verständlich wird und sofortige Anwendungen gestattet, und ob sie nicht zugleich so wirkungskräftig ist, daß sie fast unmittelbar die Lösung eines echten, nicht banalen mathematischen Problems liefert. Das Experiment besteht in dem Versuch, auf die beschriebene Art (mit aller nötigen Präzisierung) zu beweisen, daß das Produkt zweier perspektivischer Ähnlichkeitstransformationen entweder wieder eine perspektivische Ähnlichkeitstransformation oder eine Schiebung ist.

Wir wollen zuerst sehen, wie man am besten eine perspektivische Ähnlichkeitstransformation darstellt. Es möge A das Zentrum und p den Streckungskoeffizienten der Transformation bezeichnen. In einem Symbolismus, den wir gleich erklären werden, ausgedrückt, ist die fragliche Transformation – wir bezeichnen sie mit S – diejenige, die den allgemeinen Punkt $P = A + (P - A)$ in den Punkt $S(P) = P' = A + p\,(P - A)$ überführt.

Was den Symbolismus betrifft, ist $P = A + (P—A)$ formal eine Identität; worauf es ankommt, ist, diesem Ausdruck die Interpretation abzugewinnen, derzufolge P als der Punkt betrachtet wird, der aus A mittels der **(Ver)schiebung** von A nach P erhalten wird. Diese Schiebung läßt sich durch den von A nach P gerichteten Pfeil[26]) oder, wie man sagt, durch den **Vektor** $P—A$ darstellen. Der Ausdruck, der P' liefert, unterscheidet sich von dem betrachteten nur durch den Faktor p, mit welchem das Glied, das die Verschiebung (oder den Vektor) von A nach P darstellt, multipliziert ist: Hierin drückt sich auf die denkbar unmittelbarste Weise aus, daß diese Verschiebung oder dieser Vektor sich im Verhältnis von 1 zu p ändert. (Der Sinn der Verschiebung bleibt erhalten oder nicht, je nachdem ob p positiv oder negativ ist; die Entfernung von A bleibt erhalten oder wird verkürzt oder verlängert, je nachdem ob der absolute Betrag von p bzw. gleich oder kleiner oder größer als 1 ist; für $p = 0$ haben wir den banalen Fall, daß für jeden beliebigen

[26]) Der Pfeil kann in jedem beliebigen Punkt B angebracht werden; er verbindet B mit dem Punkt Q, in den B durch die gegebene Schiebung übergeführt wird, die alle Punkte in derselben Richtung (und in demselben Sinn) und um dieselbe Länge verschiebt.

Punkt P der transformierte Punkt P' in A liegt.)

Betrachten wir jetzt eine zweite perspektivische Ähnlichkeitstransformation, nennen wir sie T und bezeichnen wir ihr Zentrum und ihren Streckungskoeffizienten mit B bzw. q; sie führt jeden Punkt $P = B + (P - B)$ in $T(P) = B + q\,(P - B)$ über; wir wollen sie auf den Punkt $P' = S(P)$ anwenden, um zu untersuchen, was geschieht, wenn wir das Produkt TS bilden, d.h. um den Punkt P'' zu finden, in welchen das Produkt der beiden Transformationen P überführt. Es gilt

$$\begin{aligned}
P'' &= TS\,(P) = T(P') = B + q\,(P' - B),\\
P' &= A + p\,(P - A),\\
P' - B &= p\,(P - A) + (A - B),\\
P'' &= B + p\,q\,(P - A) + q\,(A - B)\\
&= p\,q\,P + q\,(1 - p)\,A + (1 - q)\,B\\
&= C + p\,q\,(P - C),
\end{aligned}$$

wo $C = [q\,(1 - p)\,A + (1 - q)\,B]/(1 - p\,q)$ gesetzt ist, unter der Annahme, daß $p\,q \neq 1$ ist; ist $p\,q = 1$, so ergibt sich sofort

$$P'' = P + (q - 1)\,(A - B)$$

(während die Formel für C sinnlos wird, weil man durch $1 - p\,q = 1 - 1 = 0$ dividieren müßte).

Um das Experiment zu beschleunigen, haben wir euch der Ausführung einfacher Schritte beiwohnen lassen, ohne euch zu sagen, was sie für einen Sinn haben oder ob sie überhaupt einen Sinn haben. Ein guter Formalismus hat den Vorteil, daß er auch jemanden, der ihn nicht versteht und seinen Sinn nicht kennt, befähigt, innerhalb seines Rahmens nach seinen Regeln zu operieren. Aber es würde zum Schaden gereichen, wenn man diesen Vorteil nicht ausnützte, um ein klares, tiefgehendes, volles Verständnis für den Sinn des Formalismus zu erlangen und für seinen Wert auf dem Gebiet der Anwendungen.

Der Sinn war nicht zu erkennen, aber er war da!

Wir haben etwas gemacht, ohne den Sinn davon oder den Grund dafür zu erklären: Wir haben Klammern aufgelöst. Wir hätten schon von Anfang an formal auf diese Weise von dem Ausdruck $P' = A + p\,(P - A)$ zu dem anderen $P' = p\,P + (1 - p)A$ übergehen können; aber während wir dem ersten eine Bedeutung zugewiesen hatten (die der Summe eines Punktes und eines Vektors, der angibt, wie der Punkt nach P' verschoben werden soll), hatten wir dem zweiten (der Summe von mit Zahlen multiplizierten Punkten) keinen Sinn erteilt, der dazu angetan gewesen wäre, die Verwendung dieses Ausdrucks zu rechtfertigen. Der Sinn existiert aber, und in welchem Maß! Dieser zweite Ausdruck hat vor allem auch physikalisch eine wichtige Bedeutung, und das ist fast immer die beste Gewähr für den Wert eines Produktes der mathematischen Phantasie. Wir wissen, daß zwei Massen p und $1 - p$, die sich in den Punkten P bzw. A befinden, einer im Schwerpunkt Q auf der Verbindungslinie von A und P befindlichen Masse $p + (1 - p) = 1$ äquivalent sind; offensichtlich fällt Q zusammen mit A, wenn $p = 0$ ist (wenn die ganze Masse sich in A befindet); mit P, wenn $p = 1$ ist (aus dem entsprechenden Grund); und mit dem Mittelpunkt der Strecke AP, wenn $p = 1 - p = 1/2$ ist; allgemein ist Q der in der Entfernung p von A befindliche Punkt, wenn wir dieser Entfernung die Richtung von A nach P erteilen und sie mittels der Länge AP als Einheit messen. Das ist die Bedeutung von $Q = p\,P + (1 - p)\,A$, die übrigens mit der Bedeutung der anderen Form $Q = A + p\,(P - A)$ übereinstimmt. Wir halten uns nicht damit auf, den Sinn zu besprechen, den es hat, auch negative Massen zu betrachten. Wir weisen nur als auf eine Ausdehnung des Gesagten darauf hin, daß wir auch dem Ausdruck $q\,Q = p\,P + a\,A$ (mit $q = p + a$, auch wenn für die Masse in Q: $q \neq 1$

ist) einen analogen Sinn erteilen und daß die Interpretierung dieses Ausdrucks für den Fall $q = p + a = 0$ als eines (eine Verschiebung darstellenden) Vektors sich in den erweiterten Begriff als Grenzfall einordnet. Man kann auch sagen, es handle sich um ‹eine unendlich kleine Masse, die sich in unendlich weiter Entfernung in der Richtung von A nach P befindet›. Diese Hinweise sind notwendigerweise summarisch; sie erheben keinen Anspruch darauf, alles zu klären; sie wollen nur zeigen, wie wenig nötig ist, um ein Verständnis dafür zu erwecken, in welchem Maß die von uns eingeführten und nach ihren Operationsregeln festgelegten Formen einer konkreten Bedeutung entsprechen und den Forderungen der unmittelbaren Anschauung gerecht werden.

Diese genialen und einfachen Ideen, deren Wirksamkeit bereits das eben behandelte Beispiel zeigt, verdanken wir in erster Linie H. Graßmann und G. Peano.

Auf Grund dessen, was wir besprochen haben, können wir jetzt die Bedeutung der Formel erkennen, zu der wir als der Darstellung des Produkts zweier perspektivischer Ähnlichkeitstransformationen gelangt waren. Für das Produkt zweier solcher Transformationen ist der Streckungskoeffizient (wie vorauszusehen war) $p\,q$, das Produkt der Streckungskoeffizienten der einzelnen Transformationen. Wenn $pq = 1$ ist (d.h., wenn man eine Vergrößerung und Verkleinerung hat, die sich aufheben), bleibt nur eine Verschiebung in der Richtung der Verbindungslinie der beiden Zentren übrig, und zwar in dem Sinn von dem ersten Zentrum (A) zum zweiten (B) oder umgekehrt, je nachdem ob $q > 1$ (d.h. $0 < p < 1$) ist oder umgekehrt $q < 1$ (d.h. $p > 1$ oder $p < 0$) ist. In allen anderen Fällen ist das Produkt wieder eine perspektivische Ähnlichkeitstransformation, und ihr Zentrum C liegt mit A und B auf einer Geraden und stellt, wenn wir A und B zu $q\,(1 - p)$ bzw. $(1 - q)$ proportionale Gewichte erteilen, ihren Schwerpunkt dar. Der Ausdruck für C läßt sich durch Auflösung der Klammern und Umordnung der Glieder auf die Form $C = A + m(B - A)$ bringen, wo $m = (1 - q)/(1 - p\,q)$ ist; damit ist man zu der ursprünglichen Interpretierung (Punkt + Vektor) zurückgekehrt und hat zugleich in diesem Ausdruck für C die explizite Angabe der Lage dieses Punktes erhalten (seiner Abszisse, wenn wir den Ursprung nach A verlegen und B die Abszisse 1 erteilen).

Es wäre leicht, zu vielen anderen Ergebnissen zu gelangen, wie etwa zu dem Nicht-kommutativ-Sein der perspektivischen Ähnlichkeitstransformationen und der Existenz von Untergruppen (s. S. 57). Beispiele solcher Untergruppen wären: Die Transformationen mit Zentrum auf derselben Geraden; die Transformationen mit positivem p; diejenigen, für die p eine Potenz einer gegebenen Zahl ist (z.B. eine Potenz von 2, so daß p die Werte $\ldots, (1/2)^n, \ldots, 1/4, 1/2, 1, 2, 4, 8, \ldots, 2^n, \ldots$ annimmt) usw. Wir könnten auch die Existenz von Halbgruppen (s. S. 57) unter der Gruppe aller perspektivischen Ähnlichkeitstransformationen aufweisen; Beispiele hierfür wären diejenigen Transformationen, für die $0 < p < 1$ oder für die $-1 < p < +1$ (aber $p \neq 0$) ist; oder diejenigen Transformationen, für die $p > 1$ ist und das Zentrum auf einer gegebenen Strecke (oder innerhalb eines Dreiecks oder einer Ellipse oder irgendeiner beliebigen konvexen Figur) liegt usw. Durch Beispiele dieser Art kann man mit vielen Begriffen vertraut werden und Geschmack an ihnen finden, während sie sonst häufig abstrakt verabreicht werden mit abschreckenden Bergen formaler Definitionen und sehr spärlichen Anwendungen.

Der Gebrauch von Vektoren: ein Zauberschlüssel...

Der Gebrauch von Vektoren gestattet (am besten, wenn er durch den Operationskalkül für Massenpunkte ergänzt wird), die ganze affine

Geometrie auf äußerst einfache Weise aufzubauen (sei es im Hinblick auf eine spätere axiomatische Formulierung, sei es mit Bezug auf konkrete geometrische und physikalische Deutungen); er hat den großen Vorteil, daß er sich zu der Behandlung verschiedenartiger Systeme hergibt, ohne daß er sie als zu offenbar getrennten Gebieten gehörig erscheinen läßt. So kann man mittels der Darstellung durch Vektoren nach Belieben von synthetischen Überlegungen zu Operationen übergehen, die dem betrachteten System auf natürliche Weise entsprechen (wie im vorhergehenden Beispiel), oder zu der Koordinatenmethode (der ‹analytischen Geometrie›); diese Methode ist einfach der Spezialfall, in dem man ein für allemal drei Grundpunkte festlegt (und somit ein ‹baryzentrisches Koordinatensystem› einführt) oder einen Punkt, den Ursprung O, und zwei Grundvektoren $\mathbf{i}$ und $\mathbf{j}$. (Geht man von der Ebene zum Raum über [d.h. von zwei zu drei Dimensionen], so braucht man vier Grundpunkte bzw. O und drei Grundvektoren.) Benützt man im Fall der Ebene die zweite Methode, so bestimmt sich jeder Punkt P mittels seiner kartesischen Koordinaten x und y durch den Ausdruck $P = O + x\mathbf{i} + y\mathbf{j}$ (im Raum ist $P = O + x\mathbf{i} + y\mathbf{j} + z\mathbf{k}$); in diesem Ausdruck geben die Koordinaten auf handgreifliche Weise an, wie man den Punkt P erhält, nämlich indem man von O ausgehend sich um die (mit Vorzeichen versehene) Entfernung x in der Richtung des Vektors $\mathbf{i}$ bewegt und dann um die (ebenfalls mit Vorzeichen versehene) Entfernung y in Richtung des Vektors $\mathbf{j}$ (und eventuell um z in der Richtung von $\mathbf{k}$).

Man beachte, daß hier $\mathbf{i}$ und $\mathbf{j}$ zwei beliebige Vektoren sind (nur dürfen sie nicht parallel sein); da der Raum, den wir zurzeit betrachten, nur affin ist, hat es keinen Sinn zu fragen, ob diese Vektoren orthogonal zueinander oder von der gleichen (Einheits-)Länge seien; nimmt man dies an, so betritt man das Gebiet der metrischen Geometrie, aber es ist besser, davon abzusehen, bis ein zwingendes Motiv dafür vorliegt. Die Darstellung, welche man auf die angegebene Weise erhält (*nur auf Grund affiner Begriffe*), ist tatsächlich eine Darstellung, welche sich für viele physikalische wie auch ökonomische Anwendungen usw. eignet.

Wollen wir z.B. durch einen Punkt P (oder Vektor $P - O$) einen Komplex von Waren darstellen, wobei $x_1, x_2, \ldots, x_n$ bzw. die Mengen der n Warensorten $A_1, A_2, \ldots, A_n$ angeben, die von einer Einzelperson oder einer Gesellschaft oder einem Volk angeschafft oder konsumiert oder produziert werden, so haben wir einen Punkt in der Ebene ($x = x_1, y = x_2$) bzw. im Raum ($x = x_1, y = x_2, z = x_3$), wenn es sich um 2 bzw. 3 Warensorten handelt; aber es wäre nicht schwer, sich in jedem Fall ‹einen n-dimensionalen Raum› vorzustellen. Und zwar muß man sich diesen Raum als affin vorstellen: Die metrischen Begriffe sind hier nicht dienlich, ihre Gegenwart verursacht eher Mißverständnisse und Konfusion. (Es hat z.B. keinen Sinn, sich zu fragen, ob zwei Warenkomplexe ‹orthogonal› sind; die Orthogonalität hinge unter anderem von der Art des Einheitsmaßes ab, denn manche Waren werden nach Gewicht, andere nach Länge gemessen usw.)

Die Verwendung solcher (ökonomischer und auch statistischer) Beispiele, um mit Hilfe von Vektoren und Koordinaten geometrische Begriffe einzuführen, gehört auch auf der ersten Schulstufe, wie viele Experimente beweisen, zu den erfolgreichsten Methoden. Von Experimenten dieser Art rührt z.B. ein Buch von Ugo Pampallona und Liliana Ragusa-Gilli her, das in derselben Sammlung herausgekommen ist wie die Originalausgabe des vorliegenden Buches.

... auch für metrische Begriffe

Die Einführung der metrischen Begriffe läßt sich, im geeigneten Moment übrigens, und zwar dank dem Gebrauch von Vektoren, leicht auf eine Weise bewerkstelligen, die klarmacht, was wirklich hinzugefügt wird (und in welchen Fällen es Sinn und Zweck hat, es hinzuzufügen), wenn man von dem affinen Gebiet auf das metrische übergeht. Es handelt sich darum, das **skalare** (oder **innere**) **Produkt** zweier Vektoren einzuführen; es ist eine lineare Funktion der beiden Vektoren, sagen wir **a** und **b**, und wird in der Form $\mathbf{a} \cdot \mathbf{b}$ dargestellt; es ergibt sich, daß $\mathbf{a} \cdot \mathbf{b} = \mathbf{b} \cdot \mathbf{a}$ ist, daß $\mathbf{a} \cdot \mathbf{a} > 0$ ist (wenn nicht **a** der Nullvektor ist) und die Bedeutung ‹Quadrat der Länge von **a**› hat und daß $\mathbf{a} \cdot \mathbf{b} = 0$ die Orthogonalität von **a** und **b** ausdrückt (wenn wiederum weder **a** noch **b** der Nullvektor ist). Dies ließe sich alles leicht erklären, aber es liegt kein Grund vor, weiter darauf einzugehen. Denn in der Tat bedienen wir uns hier der metrischen Begriffe nur zum Zweck einer unmittelbar anschaulichen Darstellung der folgenden Ausführung, mit der wir dieses Thema der Operationen mit komplexen Zahlen, als Ähnlichkeitstransformationen interpretiert, abschließen.

Wir haben am Ende des vorhergehenden Kapitels 13 festgestellt, daß die ebenen Ähnlichkeitstransformationen mit Zentrum im Ursprung, und solche seien im folgenden ausschließlich gemeint, sich in der Form $a + b\,i$ ausdrücken lassen, wo a und b beliebige reale Zahlen sind und i die Drehung um 90° darstellt (um etwas Bestimmtes im Auge zu haben, sagen wir die Drehung um 90° im Gegenuhrzeigersinn, d.h. in dem entgegengesetzten Sinn zu dem, in welchem sich die Zeiger einer Uhr bewegen). Alles ist klar, bis auf die Definition der Summe zweier Ähnlichkeitstransformationen (und Transformationen im allgemeinen). Aber diese Definition ergibt sich sofort, man könnte sagen automatisch, im Hinblick darauf, daß wir den Begriff der Summe für Punkte und für Vektoren eingeführt haben (und es ist einfacher, hier nur an Vektoren zu denken). Es würde genügen, allgemein eine Summe von Operationen

$$S = a\,S' + b\,S''$$

mittels der Formel

$$S(\mathbf{u}) = a\,S'(\mathbf{u}) + b\,S''(\mathbf{u})$$

zu definieren; aber um der Kürze willen erläutern wir hier nur den einfachen Spezialfall, der uns interessiert. Wenn wir uns auf zwei zueinander senkrechte Einheitsvektoren als Grundvektoren beziehen (wie es in der metrischen Geometrie angebracht ist und wie wir es in den Graphen gemacht haben), so führt die Drehung i den Grundvektor **i** in den Grundvektor **j** über und **j** in $-\mathbf{i}$: $i\,\mathbf{i} = \mathbf{j}$, $i\,\mathbf{j} = -\mathbf{i}$; $a + b\,i$ ist also die Transformation, die **i** in $(a + b i)\,\mathbf{i} = a\mathbf{i} + b\mathbf{j}$ und **j** in $(a + bi)\,\mathbf{j} = a\mathbf{j} - b\,\mathbf{i}$ überführt; es läßt sich ohne große Mühe einsehen, daß dies eine Ähnlichkeitstransformation ist; eine Ähnlichkeitstransformation ist eine Transformation, in der alle Vektoren um denselben Winkel gedreht und mit demselben Koeffizienten multipliziert werden, und diese Transformationen sind eben die, welche erforderlich sind, um **i** in $a\mathbf{i} + b\mathbf{j}$ überzuführen (ÜP, 26). In dieser Form erscheinen die Ähnlichkeitstransformationen identisch mit den ‹komplexen Zahlen›, denen man, wie bereits angedeutet, zur gegebenen Zeit in der Algebra begegnet (und alle die erwähnten Eigenschaften werden dann bedeutsam und anschaulich). Unter anderem wird im komplexen Gebiet der ‹Fundamentalsatz der Algebra› gültig, der besagt, daß eine Gleichung n-ten Grades immer (genau) n Wurzeln hat; z.B. eine Gleichung 2. Grades zwei Wurzeln, auch wenn sie im realen Bereich nicht existieren: vgl. Figur 34 (ÜP, 27); für eine Präzisierung des Gesagten s. (ÜP, 28).

Eine Gruppe, in der sich auch mit der *Summe* operieren läßt, ohne daß man dadurch aus der Gruppe heraustritt (dieses Verhalten haben wir gerade bei den Ähnlichkeitstransformationen oder den komplexen Zahlen festgestellt, wie es uns bereits für die realen Zahlen bekannt war), heißt in der Algebra ein *Ring*. (Die Ringeigenschaft gilt dagegen z.B. nicht bei den Drehungen, weil die Summe zweier

Drehungen oder das Produkt einer Drehung mit einer Zahl im allgemeinen keine Drehung mehr ist, sondern eine Ähnlichkeitstransformation.) Ist ein Ring *kommutativ* (wie das für den Fall der Ähnlichkeitstransformationen oder der komplexen Zahlen zutrifft), so gelten darin alle gewöhnlich gültigen Eigenschaften [z.B. ist $(a + b\,i)\,(a - b\,i) = a^2 - (i\,b)^2 = a^2 + b^2$, und wir brauchen diese Beziehung nicht noch einmal zu verifizieren]. Diese abstrakten Überlegungen gestatten die Ausdehnung der im gewöhnlichen Fall erkannten Eigenschaften auf den allgemeinen Fall; es mag sein, daß die ursprünglichen geometrischen Interpretationen (wie, im betreffenden Fall, die der Fig. 29) nicht mehr gültig sind, aber der Nutzen, den sie bieten, ist um so größer, insofern sie anschaulich die Anregung dazu abgeben, den Sinn zu erfassen, der alles unabhängig von den Eigenheiten der besonderen Darstellung durchzieht.

15

Warum und wie man sich mit Approximationen befassen soll!

Die Exaktheit der Mathematik ist sprichwörtlich und gilt mit Recht als eine ihrer wertvollsten Eigenschaften. Dennoch würde diese Exaktheit eine Unzulänglichkeit oder zum mindesten eine Beschränktheit der Mathematik darstellen, wenn diese nicht imstande wäre, sich von ihr freizumachen, um den vielen Faktoren, die Approximation, Vereinfachung, Unbestimmtheit mit sich bringen oder erfordern, gebührend Rechnung zu tragen.

Man wird Gewinn daraus ziehen, die Betrachtungen durchzudenken, die Guido Castelnuovo über diesen Gegenstand vor mehr als einem halben Jahrhundert angestellt hat [Kongreß ‹Mathesis› 1912; der Text ist in (BN, 18, 1962) wiedergegeben; andere dieses Thema betreffende Stellen finden sich in (BN, 14, S. 157).]

‹Dies ist das Hauptübel, das der doktrinäre Geist anrichtet, der in unseren Schulen um sich greift. Wir lehren euch, der Approximation, die Wirklichkeit ist, zu mißtrauen, um statt dessen das Idol einer Vollkommenheit anzubeten, die illusorisch ist. Wir stellen euch das Universum dar als ein Gebäude, dessen Linien geometrische Vollkommenheit besitzen und uns nur wegen der Grobheit unserer Sinne verzerrt und getrübt erscheinen. Statt dessen müßten wir euer Verständnis dafür erwecken, daß die unbestimmten Formen, welche die Sinne uns offenbaren, die einzige Wirklichkeit sind, zu der wir Zugang haben und an deren Stelle wir, um gewissen Forderungen unseres Geistes zu genügen, eine ideale Präzision gesetzt haben.›

Es ist vor allem wichtig, sich in dem Sinn hierüber Rechenschaft abzulegen, daß man vermeidet, unwillkürlich ein praktisches Problem zu fälschen, indem man es durch eine mathematische Schematisierung ersetzt, deren Mangel an Realismus einem entgeht.

Zum Schutz gegen eine solche Gefahr (und schlechte Angewohnheit) empfiehlt es sich, die Mahnung zu beherzigen, die J. W. Tuckey so wirksam in die folgenden Worte gefaßt hat: ‹Viel besser, eine angenäherte Antwort auf die richtige Frage, die oft vage ist, als eine exakte Antwort auf die falsche Frage, die immer präzise gestaltet werden kann.›

Wir müssen uns hier auf wenige spezifische Beispiele beschränken, die kaum genügen werden, um einige Aspekte der Probleme zu erläutern, welche die Approximation als solche stellt und die ganz und gar nicht genügen werden, um die noch viel wichtigeren allgemeinen Fragen zu erläutern, die theoretisch, begrifflich und praktisch von fundamentaler Bedeutung sind.

Nehmen wir an, wir hätten (tatsächlich, numerisch) die Summe von vielen (z.B. 100) Summanden zu berechnen. Wenn diese Summanden die Massen physikalischer Größen sind, so können wir sie offenbar nur bis auf einen gewissen Fehler kennen (wir beschränken uns darauf, anstatt der Gesamtheit der unendlich vielen nur einige wenige Dezimalstellen zu betrachten wissend, daß auch bei diesen die letzten unsicher sein können); aber dieselbe Situation läge vor, wenn die Summanden mathematisch exakt festgelegt wären [z.B. $\sqrt{3}, \pi, 6/\pi^2, 2\pi, 1/(1+\sqrt{2})$ usw.), weil es praktisch unmöglich ist, viele Dezimalstellen exakt zu berechnen, und weil man im allgemeinen praktisch nicht einmal die Möglichkeit hat (und es nicht der Mühe wert ist), alle die Stellen in Betracht zu ziehen, die tatsächlich bekannt sind[27]). Wie groß ist der Fehler im Endresultat? Er wird natürlich gleich der Summe der Fehler der einzelnen Summanden sein, und wenn wir wissen, daß die einzelnen Fehler einen gewissen Betrag k nicht übersteigen, so kann der Gesamtfehler 100 k nicht übersteigen. Wenn jedoch die einzelnen Fehler, wie das im allgemeinen zutrifft, sowohl positiv als auch negativ sein können, so ist zu erwarten, daß sie sich zum Teil aufheben, und man muß Begriffe der Wahrscheinlichkeitsrechnung oder der Statistik heranziehen (wie wir in Kap. 17 sehen werden); es ergibt sich auf Grund dieser Begriffe, daß die wahrscheinliche Größenordnung des Fehlers anstatt im Verhältnis von 1:100 kaum im Verhältnis von 1:10 wächst.

[27]) Als Kuriosität sei erwähnt: Die Kreiszahl π ist kürzlich auf mehr als 100000 Dezimalstellen berechnet worden (von D. Shanks und J.W. Wrench mit dem Elektronenrechner 7090 von IBM in dem Data Processing Center von New York; vgl. Mathematics of Computation, 1962). Es ist klar, daß keine Anwendung den Grund oder die Möglichkeit bieten würde, alle diese Stellen in Betracht zu ziehen; es heißt schon viel, Rechnungen mit etwa 10 (oder höchstens 20) exakten Dezimalstellen auszuführen.

Solche Überlegungen sind notwendig und von der größten Wichtigkeit für die experimentellen Naturwissenschaften, vor allem diejenigen, welche besonders exakte Messungen verlangen (wie die Astronomie und die Geodäsie); aber sie sind es auch für die Ausführung rein mathematischer Rechnungen mit exakten Daten (besonders Rechnungen mit Hilfe von Elektronenrechnern), denn man hat unvermeidlicherweise zum mindesten mit Abrundungsfehlern zu tun (und im allgemeinen auch mit anderen, die der Anwendung von Näherungsmethoden entspringen).

Es wird ein (exakter) rechter Winkel gesucht

Und jetzt folgt ein geometrisches Beispiel. Im allgemeinen gelten die Konstruktionsverfahren, die auf dem Sichschneiden von Geraden (oder Kreisen), auf dem Ziehen von Parallelen oder dem Errichten von Senkrechten beruhen, als exakt (und theoretisch sind sie es tatsächlich). Es wird den Leser überraschen, zu erfahren, wie schwierig sich jedoch diese Verfahren in der Praxis auswirken. In der Herstellung eines gewissen komplizierten und empfindlichen Präzisionsapparats (des Integraphen) bildet z.B. die Sicherstellung des exakten Zueinander-Senkrechtstehens zweier Richtungen die schlimmste und am schwersten zu eliminierende Fehlerquelle.
Aber halten wir uns an ein einfaches Beispiel. Um eine gegebene Strecke in gleiche Teile (oder vorgeschriebene Bruchteile) zu teilen (eine solche Teilung hatten wir z.B. für das Problem in Kap. 5 zu Hilfe gezogen, s. Fig. 8, und Varianten wie die in den Fig. 9 und 10 dargestellten), ist das ‹exakte› Verfahren dasjenige, welches sich auf den ersten Strahlensatz gründet (s. S. 16). Es genügt, auf einer beliebigen anderen Geraden r, die von einem der Endpunkte der zu teilenden Strecke AB ausgeht, abstandsgleiche Teilungspunkte zu markieren und diese mittels Parallelen auf

AB zu übertragen (s. Fig. 46, in der wir annehmen, es sei eine Teilung in sieben gleiche Teile verlangt). Es wird in das Abtragen der

Fig. 46

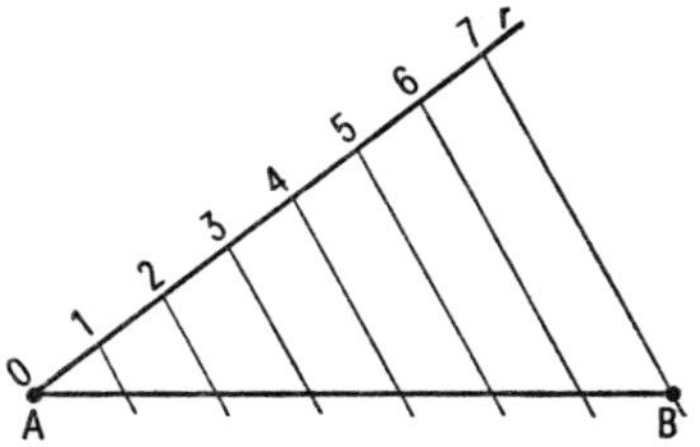

gleichlangen Strecken auf *r* immer eine gewisse Ungenauigkeit hineinspielen, aber in dem Übertragen dieser Strecken auf *AB* stößt man auf spezifische Gründe für den Mangel an Exaktheit. Wenn die Verbindungslinie von ‹7› mit *B* nicht genau durch diese Punkte gezogen wird, sondern etwas abseits davon verläuft, so verursacht diese Ungenauigkeit eine um so größere in der Richtung dieser Linie, je kleiner die Entfernung ‹7›–*B* ist; beim Ziehen der Parallelen liegt erstens die Gefahr desselben Fehlers im Ausgangspunkt (‹6›, ‹5›, ...) vor und ferner die eines Fehlers im Parallelsein (dessen Folgen um so stärker hervortreten, je länger die Verbindungslinien sind); und schließlich haben wir eine Fehlerquelle in dem Ablesen der Schnittpunkte der Parellelen mit *AB* als der gesuchten Teilungspunkte. (Dieser Fehler wird um so beachtlicher, je schräger die Parallelen auf *AB* auftreffen.) Es empfiehlt sich daher, für die Ausgangsteilstrecken auf *r* eine Länge zu wählen, die ungefähr der der Endteilstrecken auf *AB* gleich ist; und es empfiehlt sich, diese Anfangsteilstrecken auf einer Geraden *r* abzutragen, die nur eine geringe Neigung gegen *AB* hat (wodurch lange Verbindungslinien und kleine Schnittwinkel vermieden werden); doch darf der Neigungswinkel zwischen *r* und *AB* nicht so klein gewählt werden, daß (trotz des geringen Unterschiedes zwischen den Teilstrecken auf *r* und *AB*) die Verbindungslinien zu schräg ausfallen und die Entfernung ‹7›–*B* zu klein wird.

Man achte darauf, wie in gewissen Fällen auch kleine Fehler grobe Fehlschlüsse mit sich bringen oder geradezu zu logischen Fehlschlüssen führen können. Wenn die Angabe, auf die es ankommt, eine (relativ kleine) Differenz zwischen Größen von viel höheren Beträgen ist, kann eine kleine Ungenauigkeit in dieser Angabe das Resultat geradezu auf den Kopf stellen. Man denke z.B. an die Bilanz eines Betriebs, wo der Gewinn, das heißt die Differenz zwischen Profiten und Verlusten, im Verhältnis zu diesen beiden Werten klein ist. Dasselbe Phänomen tritt bei mathematischen Problemen auf, die ungünstig angelegt sind. Ein gutes Beispiel hierfür ist ein System linearer Gleichungen, dessen Lösung geometrisch dem Auffinden der Schnitte von Geraden, Ebenen usw. entspricht, wenn diese Gebilde fast parallel sind, so daß, wie im vorhergehenden Beispiel bemerkt, ihre Schnittpunkte, -geraden usw. nicht scharf definiert sind. Eine solche Situation verursacht bei dem Arbeiten mit Elektronenrechnern Schwierigkeiten, die viel Kopfzerbrechen machen, weil man in gewissen Fällen nicht leicht feststellen kann, bis zu welchem Grade die Resultate, die man erhält, vertrauenswürdig sind.

Es liegt ein Fehler vor; aber wo steckt er?

Die letzte Gefahr, auf die wir hingewiesen haben, die mathematisch absurder logischer Schlüsse, ist eine Ausnahme, aber wir geben hier ein Beispiel dafür: den Beweis, **daß jedes Dreieck gleichschenklig ist.** In dem Dreieck *ABC* (Fig. 47) sei *O* der Schnittpunkt der Seitenhalbierenden *CD* mit der Symmetrieachse der Grundlinie *AB* (der Senkrechten durch den Mittelpunkt *E* von *AB*); von *O* aus fälle man die Lote auf die beiden anderen Seiten (wodurch man *F* und *G* erhält). Auf Grund der üblichen Kriterien läßt sich zeigen, daß die beiden oberen Dreiecke (*COF* und

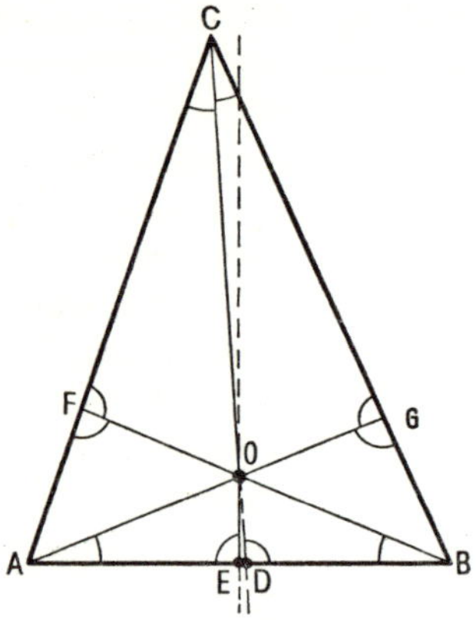

Fig. 47

COG) kongruent (symmetrisch) sind und ebenso die beiden mittleren (FOA und GOB) und ebenso schließlich die beiden auf der Grundlinie (AEO und BEO). Also ist $\overline{CF} + \overline{FA} = \overline{CG} + \overline{CB}$, das heißt $AC = BC$!

Die Schuld liegt an der Zeichnung: Wenn man sie genau ausführt, findet man, daß der Punkt F (oder G, derjenige auf der kürzeren Seite) unterhalb der Grundlinie auf die Verlängerung von CA fällt, und man gelangt zu dem richtigen Schluß: Die beiden Seiten werden gleich, wenn man dieselbe Größe ($\overline{AF} = \overline{BG}$) zu der einen hinzufügt und von der anderen abschneidet. Die Schuld liegt aber auch an dem euklidischen Ansatz, demzufolge man Vorzeichen ignoriert und nur mit absoluten Größen operiert und sich, um zu entscheiden, ob diese Größen addiert oder subtrahiert werden müssen, auf eine Figur verläßt, die sehr wohl unrichtig gezeichnet sein mag. Dies ist ein weiterer Grund, den vektoriellen Ansatz vorzuziehen, der Vorzeichen, Richtungssinn und Orientierung als wesentliche Bestandteile einschließt.

16

Wie fruchtbar Betrachtungen ‹auf Grund von Kontinuität› sein können

Ein paar einfache Beispiele werden zeigen, wie vorteilhaft es ist, auch wenn man mit ganz elementaren Problemen zu tun hat, diese unter dem Gesichtspunkt der Kontinuität zu betrachten. Solche Betrachtungen ‹auf Grund von Kontinuität› dienen, abgesehen von ihrer unmittelbaren Nützlichkeit, dazu, die enge Umgrenzung veralteter Auffassungen zu sprengen, die dazu angetan sind, Mißverständnisse und Vorurteile zu begünstigen; Kontinuitätsbetrachtungen begünstigen im Gegenteil (gemeinsam mit anderen bereits angedeuteten Ideen) den intuitiven Zugang zur Erfassung der Prinzipien der Infinitesimalrechnung und regen unter Umständen zu deren späterem wirklichem Studium an.
Eine erste, einfache und wirksame Anwendung besteht in der Beweisführung durch Reductio ad absurdum mittels der Betrachtung eines Grenzfalls. Es könnte z.B. einem Jungen auf den ersten Blick so vorkommen, als ob der Inhalt eines Quadrats, wenn man es in eine Raute deformiert, unverändert bliebe. Obgleich sich unmittelbar zeigen läßt, daß der neue Inhalt kleiner ist, da er durch *Grundlinie* × *Höhe* bestimmt wird, ist es lehrreicher, den Schüler zu der Einsicht zu bringen, daß die Absurdität dieser Annahme einem sofort in die Augen springt, wenn man die lobenswerte Gewohnheit hat, seine Schlüsse dadurch zu kontrollieren, daß man an **alle möglichen Fälle bis einschließlich des Grenzfalls** denkt. Wenn die Raute sich zusammenfaltet und auf eine Strecke reduziert, reduziert sich der Inhalt auf Null, und er gelangt dahin nicht durch einen Sprung, sondern indem er unter jede Grenze herabsinkt, indem er *beliebig klein* wird. Auf analoge Weise läßt sich für dasselbe Beispiel die Irrtümlichkeit der Annahme beweisen, daß die Summe der Diagonalen konstant bleibt. (Im Grenzfall, wenn wir

die Seite des Quadrats = 1 setzen, beträgt sie $2 + 0 = 2$, während sie für das Quadrat $\sqrt{2} + \sqrt{2} = 2\sqrt{2}$ beträgt.)

Sprechen wir vom ‹Grenzwert›!

Die gerade gebrauchten Ausdrücke ‹unter jede Grenze herabsinken›, ‹beliebig klein werden› deuten hin auf die Idee des Strebens nach einem Grenzwert. Bei ihrer obigen Anwendung handelte es sich nur um die intuitive Beobachtung eines geometrischen Verhaltens. Es erscheint jedoch weder schwierig noch unangebracht, den Begriff in präziser Form darzustellen, sei es auch mit der Beschränkung auf besonders ‹einleuchtende› Fälle wie das Streben einer positiven Größe nach Null durch ständiges Abnehmen oder nach Unendlich durch ständiges Zunehmen. Beschränken wir uns, um ein Beispiel sowohl für die Definition als auch für das Kriterium und für die Anwendung zu geben, auf den letzten Fall.

Für eine Größe, die so variiert, daß sie beständig wächst[28]), gibt es zwei Möglichkeiten: Entweder es existiert ein Wert K, den sie nicht überschreitet, oder es existiert kein solcher Wert, d.h. die Größe überschreitet, indem sie wächst, schließlich jeden Wert. In diesem zweiten Fall sagt man, daß sie *nach Unendlich strebt.* Hier ist ein nützliches Kriterium für diesen zweiten Fall: Wenn man beweisen kann, daß die Größe von jedem beliebigen Punkt an, den sie erreicht, immer noch um 1 (oder um irgendeinen festen Betrag) wächst, so hat man bewiesen, daß sie nach Unendlich strebt. Wenn sie nämlich nicht nach Unendlich strebte, so dürfte sie einen gewissen Wert K nicht überschreiten; aber dann dürfte sie auch $K - 1$ nicht überschreiten, sonst würde sie, indem sie um 1 zunimmt, auch K überschreiten, und dasselbe würde für $K - 2$, $K - 3$, ... gelten, was absurd ist.

Es folgt eine Anwendung dieses Kriteriums auf einen besonderen und beachtenswerten Fall: Wenn man 1, $^1/_2$, $^1/_3$, ... addiert, so übersteigt die Summe schließlich jeden Wert (d.h., mit dem Zunehmen der Anzahl der Glieder strebt die Summe gegen Unendlich)[29]). Um das Kriterium anzuwenden, zeigen wir, daß die Summe von 1000 Gliedern von $^1/_{1000}$ an (und ähnlich allgemein) $^1/_2$ übersteigt.

In der Tat ist das letzte Glied, $^1/_{2000}$, auch das kleinste, so daß die Summe größer als $^{1000}/_{2000} = {}^1/_2$ ist. Geometrisch interpretiert heißt dies, daß der Inhalt der Fläche, die von der positiven x-Achse, der Senkrechten zur positiven x-Achse in einem beliebigen Punkt und dem sich immer enger an diese Achse anschmiegenden Endverlauf des Kurvenastes der Hyperbel $y = 1/x$ (s. Fig. 35 und 36) begrenzt wird, *unendlich ist:* Man kann in diese Umgrenzung eine Fläche einzeichnen, die beliebig groß ist, größer als die, über welche sich das ganze Milchstraßensystem erstreckt; man muß die Fläche nur in geeignete kleine Teile aufteilen. Eine solche Aufteilung kann man sich folgendermaßen vorstellen. Man errichtet über den Strecken (0,1), (1,2), (2,3) usw. der positiven x-Achse als Grundlinien Rechtecke, deren Höhen 1, $^1/_2$, $^1/_3$ usw. betragen. Da $1/x = 1$ ist für $x = 1$, $^1/_2$ für $x = 2$, $^1/_3$ für $x = 3$ usw., liegen diese Rechtecke, abgesehen von ihrem rechten oberen Eckpunkt, der auf der Kurve $y = 1/x$ liegt, unterhalb dieser Kurve. Die gesamte oben beschriebene Fläche ist also größer als diejenige, welche die von einem geeigneten Punkt an summierten Rechtecke bedecken; und da die Inhalte dieser Rechtecke gleich den von dem betreffenden Punkt an in Betracht zu ziehen-

[28]) Sie mag die Funktion eines Indexes sein und sich in der Form a_n darstellen lassen oder die Funktion einer kontinuierlichen Variablen x, die man z.B. als Zeit deuten kann und die sich in der Form $f(x)$ darstellen läßt.

[29]) In der Sprache der mathematischen Analysis drückt man das aus, indem man sagt, die ‹harmonische Reihe› $1 + {}^1/_2 + {}^1/_3 + {}^1/_4 + \cdots + 1/n + \cdots$ divergiert (ihre Summe = unendlich = ∞).

den Gliedern der Reihe $1 + {}^1/_2 + {}^1/_3 + \cdots$ sind und wir gezeigt haben, daß die Summe dieser Reihe unendlich ist, bedecken diese Rechtecke eine unendliche Fläche. (Selbstverständlich gilt das, was hier über die Hyperbel $y = 1/x$ und ihr Verhalten in bezug auf die x-Achse gesagt worden ist, aus Symmetriegründen auch entsprechend für die y-Achse.)

Kontinuitätsbetrachtungen wendet man fernerhin an, um das Vorhandensein (zuweilen auch die Eindeutigkeit) der Lösung eines Problems zu beweisen. Wenn z.B. eine Größe kontinuierlich (ohne ‹Sprünge›) wächst und in einem früheren Zeitpunkt einen Wert unterhalb eines gewissen Niveaus annimmt, aber später einen dieses Niveau überschreitenden Wert, so *hat es zweifellos einen Moment gegeben*, in dem sie genau den Wert dieses Niveaus angenommen hat. Dieselbe Überlegung, aber auf eine interessantere Anwendung bezogen, genügt, um zu beweisen, daß sich unter den Paaren konjugierter Durchmesser einer Ellipse ein Paar zueinander senkrechter Durchmesser befindet. (Es sind die Symmetrieachsen oder kurz die Achsen der Ellipse.) Betrachten wir zwei konjugierte Durchmesser a und b; lassen wir den Durchmesser a rotieren, bis er die Lage von b einnimmt; dann wird b, darunter immer der zu a konjugierte Durchmesser verstanden, die ursprüngliche Lage von a einnehmen. Der Winkel zwischen a und b geht bei dieser Drehung kontinuierlich von einem gewissen Wert α in den Wert $180° - \alpha$ über und nimmt notwendigerweise im Verlauf dieses Übergangs den Wert $90°$ an (weil dies der Mittelwert von α und $180° - \alpha$ ist und darum zwischen diesen beiden Werten liegt).

Läßt sich ein Stück Torte in drei Stücke teilen?

Achtung! Man spricht oft von dem Nichtvorhandensein der Lösung gewisser Probleme, von der **Unmöglichkeit,** gewisse Probleme zu lösen (berühmte Beispiele sind die Verdoppelung des Würfels, die Dreiteilung des Winkels und die Quadratur des Kreises), die auf Grund von Kontinuitätsbetrachtungen offensichtlich Lösungen haben. Aber es handelt sich hier um etwas anderes: um die Unmöglichkeit einer Lösung mittels streng vorgeschriebener Verfahren (z.B. mittels der Konstruktion mit Zirkel und Lineal oder mittels der Lösung algebraischer Gleichungen usw.). Diese Dinge sind auch für die moderne Mathematik interessant (besonders, weil solche Probleme erst vor verhältnismäßig kurzer Zeit eine vollkommene Antwort erhalten haben); dennoch spürt man der beharrlichen Betonung solcher Überlegungen und der Terminologie, die dabei benützt wird, vielleicht zu sehr den Einfluß der Epoche an, in welcher die Entdeckung, daß nicht alle Zahlen rational sind (d.h. Brüche oder, in dezimaler Schreibweise, periodische Dezimalbrüche), den Pythagoräern als ein Skandal und eine Krise erschien.

Und schließlich ist die konstruktivste Anwendung von Kontinuitäts- und Grenzwertüberlegungen diejenige, welche tatsächlich zu dem Auffinden der Lösung führt (und sich nicht darauf beschränkt, ihr Vorhandensein zu beweisen). Nehmen wir die Dreiteilung des Winkels: Wir können mit Hilfe der oben als zugelassen angegebenen Konstruktionsmittel einen beliebigen Winkel – wir können uns unter dem Winkel ein Stück Torte vorstellen – nicht in drei Teile teilen. In vier Teile können wir dagegen den Winkel – und die Torte – wohl teilen; es genügt, zweimal in Hälften zu teilen; und dann sind wir – scheinbar – über den Berg. Wenn wir jedem der drei Tortenanwärter ${}^1/_4$ des Tortenstücks geben, bleibt ein solches Viertel übrig; wir teilen dieses in Viertel (es sind Sechzehntel des ursprünglichen Stücks) und teilen drei davon aus; wieder bleibt ein Stück übrig, das wir wie vorher teilen und verteilen, und so fahren wir für alle Ewigkeit fort (oder, wenn wir weder unendlich viel Geduld noch unendlich viel

Zeit haben, hören wir auf, wenn wir einen Tortenrest in der Hand haben, der nicht mehr der Rede wert ist). Wir haben auf diese Art $^1/_3$ als die Summe von $^1/_4 + ^1/_{16} + ^1/_{256} + ^1/_{1024} + ^1/_{4096}$ erhalten mit einem in drei Teile zu teilenden Rest, der $^1/_{4096}$ des ursprünglichen Stücks beträgt[30]) (wenn wir es so weit treiben wollen und nicht früher aufhören).

Diese Beispiele führen uns schon an die Schwelle der ‹Differentialrechnung› (oder der ‹höheren Analysis›); hierher gehört das Studium der unendlichen Reihen (Konvergenz, Divergenz, siehe die vorhergehenden Beispiele), das Studium der Ableitung (der Steigung der in einem Punkt eines Graphen angelegten Tangente, der Bestimmung der Elemente eines Grenznutzens in der Ökonomie, einer Gleichgewichtssituation oder Bewegung usw. in der Physik usw.) und das Studium des Integrals (der Fläche unter einer Kurve und ähnlicher Probleme; das Beispiel des Endverlaufs des Hyperbelastes mag als Hinweis gelten). Die höhere Analysis dient unter anderem dazu, den vollständigen Verlauf eines Phänomens aus der Kenntnis des ‹Gesetzes› abzuleiten, dem es von Augenblick zu Augenblick genügen muß.

[30]) Wenn der Winkel klein ist und man die Teilung eher am Scheitel als am Bogen ausführt, so wird der Fehler um so kleiner, je kleiner der Winkel ist, und kann schließlich vernachlässigt werden.

17

Wie man im Rahmen der Wahrscheinlichkeitslehre denken soll

Es gibt Gelegenheiten, bei denen ein Problem nicht richtig angepackt wird, der richtige Gedankenzugang nicht gefunden wird, weil der Betreffende, dem sich das Problem stellt, die Begriffe der Wahrscheinlichkeitslehre und der Statistik nicht kennt. Ebenso kommt es aber bei diesen Gelegenheiten auch vor, daß das Problem nicht richtig angepackt wird, weil der Betreffende zwar die Begriffe der Wahrscheinlichkeitslehre und der Statistik kennengelernt hat, sie aber nicht gut versteht oder gar mißversteht, was beides dazu führt, daß er diese Begriffe unrichtig anwendet.

In dieser hartnäckigen Tendenz zu irren läßt sich zweifellos (wie das John Cohen, ein Psychologe, scharfsinnig erkannt hat) eine Auswirkung der Abneigung gegen Ungewißheit sehen. Entweder es wendet jemand die Begriffe, die Ungewißheit ausdrücken (Wahrscheinlichkeit, Statistik), nicht an oder er wendet sie an und vergewaltigt dabei ihre Interpretation auf solche Weise, daß ungewisse Vermutungen sich in gewisse Vorhersagen verwandeln oder daß sich auf Grund seltsamer Mißverständnisse unbegründete oder verzerrte Resultate ergeben.

Für uns hier ist es angebracht, eine Reihe von Erläuterungen zu geben, die auf kurze Andeutungen reduziert sind; es wäre nicht geeignet, sie ausführlich zu entwickeln, und man kann auch ohne solche Ausführlichkeit auskommen, wenn man sich darauf einstellt, daß die Erläuterungen als Ermahnungen, als *Mementos* zu verstehen sind; sie werden gegeben in der Hoffnung, daß sie zu einem gründlichen Studium der grundlegenden, die Wahrscheinlichkeitslehre und Statistik betreffenden Gedankengänge anregen werden, Gedankengänge, die verlangen, daß man sich ihnen mit besonderer Aufmerksamkeit widmet.

Man darf nicht unbeachtet lassen, daß bei einer großen Anzahl von Ereignissen (bei Spielen, Verlosungen, Wetten, Versicherungen usw.) ein gewisser ‹Ausgleich› wahrscheinlich ist; es treten dank des ‹Gesetzes der großen Zahlen› gewisse ‹statistische Regelmäßigkeiten› auf. **Man darf aber nicht schließen,** wie das auf Grund einer zu wörtlichen und zu apodiktischen Interpretation dieser ‹Ausgleichstendenz› oft geschieht,

daß, wenn bei irgendeiner Gelegenheit (z.B. beim Kartenspielen) ständig Abweichungen von der Norm in ein und demselben Sinn stattfinden (wenn z.B. ein Spieler ständig Pech hat), **schließlich Abweichungen im entgegengesetzten Sinn zu erwarten sind,** damit der ‹Ausgleich› zustande kommt;

daß, wenn eine Situation vorliegt, die ausnehmend ungewöhnlich ist (wie z.B. eine lange Verzögerung in der Ziehung gewisser Nummern beim Lotto), **etwas zu erwarten ist, dessen Eintreten diese Situation am Weiterbestehen verhindert** (z.B. daß eine solche rückständige Nummer baldigst gezogen wird);

daß es weniger riskant ist, auf viele Würfe zu setzen als auf wenige oder gar auf einen einzigen (um dem ‹Gesetz der großen Zahlen› Gelegenheit zu geben, sich auszuwirken).

Dem Begriff des ‹Ausgleichs› liegt wie angedeutet die Annahme zugrunde, daß zwar der Ausfall eines einzelnen Ereignisses zufällig ist, ohne Erinnerung an vorhergegangene Ausfälle, daß aber bei einer großen Anzahl von Ereignissen die Ausfälle sich voraussichtlich eben ‹ausgleichen›. Es ist absurd zu glauben, man könnte daraus Schlüsse ziehen, die im Widerspruch zu den Ausgangshypothesen stehen. Der Ausgleich will nur besagen, daß das Risiko[31]) beim Wachsen der Anzahl n der Versuchsproben langsamer wächst als n, nämlich genau wie $\sqrt{n}$ (für $n = 100$ im Verhältnis von 1 zu 10 und nicht im Verhältnis von 1 zu 100, wie in Kapitel 15 angedeutet wurde; für $n = 10000$ im Verhältnis von 1 zu 100 und nicht im Verhältnis von 1 zu 10000 usw.). Auf diese Art nimmt das relative Risiko wie $1/(\sqrt{n})$ ab, so daß man mit Recht schließt, daß 1000 auf einen einzigen Wurf zu setzen 10mal riskierter ist, als 10 auf jeden von 100 Würfen zu setzen (es ist ebenso riskiert, wie 100 auf jeden von 100 Würfen zu setzen, aber 10mal weniger, als 1000 auf jeden von 100 Würfen zu setzen).

Man hüte sich, diese feinen Abstufungen von Ungewißheits- und Risikograden mit Aussagen der gewöhnlichen Logik (nicht der Logik der Wahrscheinlichkeitslehre) zu verwechseln und Argumente des gewöhnlichen Typs auf sie aufzubauen; das wäre so, als ob man an einem Gerüst hochklettern wollte, von dem man glaubt, daß es ein festes Gefüge ist, während es in Wirklichkeit aus Gummi besteht.

So sind z.B. der Gebrauch und die Interpretierung von Mittelwerten oder Durchschnittswerten und Indizes eine große Quelle von Fehldeutungen (BN, 23).

Wir geben ein authentisches Beispiel. In einer lebenslängliche Renten betreffenden Rechtssache behauptete ein Anwalt folgendes: Die Sterbetafel zeige, daß eine Person, die das Alter von 70 erreicht, bis zu 80 (im Durchschnitt) lebt und dann, wenn sie 80 erreicht, auch noch bis zu 85 lebt; daraus ergäbe sich, daß eine Person, die 70 erreicht, bis zu 85 lebt[32]) (wobei er auf die weiteren Vorhersagen, die sich auf ein Wiederholen desselben Kriteriums gegründet hätten, verzichtete). Der Fehler liegt auf der Hand. Der Mittelwert stellt alle Möglichkeiten in Rechnung, die Möglichkeiten, sowohl früher, als auch die, später zu sterben; und wenn man das erwähnte Argument durchdenkt, so stellt es, beim Ausgehen von einem solchen Mittelwert, nur den Fall in Rechnung, in dem der Tod später eintritt (und dann ist es nicht mehr der Mittelwert).

[31]) Das heißt, summarisch ausgedrückt, die **Größenordnung der Gewinne oder Verluste.**

[32]) Die angegebenen Zahlen sind abgerundet; sie entsprechen im wesentlichen den in den italienischen Sterbetafeln von 1950 angegebenen (BN, 3).

Allgemeiner muß man sich klarmachen, daß die Wahl eines bestimmten Mittelwerttyps nicht willkürlich, so wie es einem paßt oder auf Grund persönlicher Vorliebe getroffen werden darf: Für jedes Problem, das gut formuliert ist, gibt es einen einzigen Mittelwertstyp, der darauf anspricht.
Es ließen sich viele analoge Bemerkungen anschließen, aber es wäre unmöglich, den Sinn der betreffenden Argumente verständlich zu machen, ohne sich auf weitläufige Erklärungen einzulassen.

‹Schweigen› hieße hier ‹verfälschen›

Aber eine Bemerkung von allgemeinem und grundlegendem Charakter muß unbedingt gemacht werden. Wir tun es, indem wir im folgenden zusammenfassend mehrere Stellen aus den Werken R.A. Fishers frei wiedergeben.
In der deduktiven Logik (der Logik der Gewißheit) ist es zulässig, Schlüsse zu ziehen auf Grund der Benützung nur eines Teils der Voraussetzungen und der verfügbaren Daten, insofern die Gesamtheit der Folgerungen, zu denen man auf diese Weise gelangt, wenn sie auch eventuell nicht den vollen Ausgangsgegebenheiten entspricht, doch unter allen Umständen **richtig ist.** In der induktiven Logik (der Logik der Ungewißheit, der Logik der Wahrscheinlichkeitslehre, der Logik der Statistik) ist ein solches Schließen jedoch nicht zulässig; wenn man auf diesem Gebiet nur einen Teil der gegebenen Bedingungen und Daten benützt, kann man sehr wohl zu **gefälschten** Schlüssen gelangen. (Dies geschieht z.B., wenn in einem Streit oder einem Prozeß Zeugenaussagen zugunsten – oder zuungunsten – des Angeklagten verschwiegen werden.)
Was konkrete Erläuterungen betrifft, so beschränken wir uns auf zwei, die dazu dienen sollen, die früheren Hinweise auf ökonomische Fragen (Kap. 7) unter diesem neuen Gesichtspunkt zu ergänzen.

Die Unsicherheit in der Ökonomie

Wenn man sich Gewinn zum Ziel setzt und zwischen verschiedenen ökonomischen Entscheidungen, deren Konsequenzen unsicher sind, zu wählen hat, so gibt es ein einziges Kriterium, das **logisch widerspruchsfrei** ist: Man muß versuchen, die **Gewinnerwartung** zu maximisieren. (Weiter unten wird erklärt, was unter Gewinnerwartung zu verstehen ist. Man kann auch andere Ziele, nicht nur Gewinn, in Betracht ziehen; man muß sie dann eben als dem Gewinn äquivalent behandeln und dementsprechend das Kriterium anwenden.)
Wenn die möglichen Gewinne und Verluste hoch sind, empfiehlt es sich, diese Beträge selbst durch ihren ‹Nutzen› zu ersetzen, wobei aufeinanderfolgenden gleichen Zuwachsen des Gewinns ständig abnehmende Zuwachse des Nutzens zugeordnet werden. Man braucht dann nur die **Nutzenerwartung** anstelle der Gewinnerwartung zu maximisieren. Indem man den Gewinn durch seinen Nutzen ersetzt, paßt man sich psychologisch besser der allgemein herrschenden Abneigung gegen Risiko an.
Diese *Gewinnerwartung* (und dasselbe gilt für die Nutzenerwartung) ist der Wert des unsicheren Gewinns, der so berechnet wird, daß man die Wahrscheinlichkeiten der möglichen Gewinnwerte (die auch negativ sein können, nämlich im Fall von Verlusten) als deren *Preise* ansetzt. Wenn z.B. jemand aus einer gewissen Sache, einer Wette oder dergleichen, einen Gewinn von 1200 oder 500 oder 0 oder –400 (Verlust von 400) ziehen kann, je nachdem, welcher von den vier möglichen Fällen eintritt, so wird *für ihn* der Wert des unsicheren Gewinns, d.h. der Gewinnerwartung, von den Wahrscheinlichkeiten abhängen, die er den vier besagten Fällen zuerkennt. Angenommen, diese Wahrscheinlichkeiten seien 20, 35, 15, 30%, so wird die Erwartung der einzelnen Werte und des Gesamt-

gewinns durch die folgende einfache Rechnung bestimmt:

1200 zu 20%	=	240
500 zu 35%	=	175
0 zu 15%	=	0
– 400 zu 30%	=	– 120
Gesamtwert	=	295

Wenn man die Wahrscheinlichkeiten als Preise interpretiert (wie das ihr Wesen am besten kennzeichnet), so ist diese Rechnung nicht mehr und nicht weniger, als was ein Kaufmann oder Buchhalter täglich ausführt.

Das ‹Problem des Zeitungsverkäufers›

Das folgende Beispiel soll zeigen, welche Wichtigkeit auch auf diesem Gebiet dem auf *Grenznutzen* gegründeten Kriterium zukommt. Es ist als ‹das Problem des Zeitungsverkäufers› bekannt, weil es sich dabei um jemanden handelt, der eine gewisse Anzahl von Gegenständen kauft, sagen wir, zum Preis von 10 pro Stück, um sie zum Preis von vielleicht 25 pro Stück wieder zu verkaufen, wobei der Verkauf am selben Tag wie der Kauf stattfinden muß, weil die fraglichen Gegenstände danach jeden Wert verlieren. (Und so geht es mit Zeitungen, wenn wir von der Möglichkeit der Rückerstattung nichtverkaufter Exemplare absehen.)

Wie viele Exemplare soll man kaufen? Man muß überlegen, welche Wahrscheinlichkeit der Möglichkeit zukommt, 0, 1, 2, 3 usw. zu *verkaufen;* dann den erhofften Gewinn auf Grund der Annahme berechnen, daß man 0, 1, 2, 3 usw. Exemplare *kauft;* und schließlich sehen, in welchem Fall der erhoffte Gewinn am größten ist. Aber ein derartig mühsames Verfahren vereinfacht sich sofort, wenn man im Rahmen der Begriffe des Grenznutzens denkt: **Jedes Exemplar,** das man **mehr** kauft, führt zu einer Zunahme oder einer Abnahme des erhofften Gewinns, weil es eine sichere Ausgabe von 10 mit sich bringt und eine Einnahme von 25 nur, *wenn es rvekauft wird* (d.h., wenn die Nachfrage größer ist, als sie ohne dieses eine zusätzliche Stück befriedigt werden kann). Die Wahrscheinlichkeit, das n-te (z.B. das 12.) Exemplar zu verkaufen, ist die Wahrscheinlichkeit, mindestens n (12) Nachfragen zu erhalten, d.h. n oder $n+1$ oder $n+2$ oder... Es wird also vorteilhaft sein, das 12. Stück zu kaufen, allgemein das n-te, wenn seinem Verkauf, d.h. dem Fall, daß man mindestens 12 Nachfragen erhält, eine Wahrscheinlichkeit erteilt wird, die höher ist als 40% (allgemein als das Verhältnis des Einkaufs- zum Verkaufspreis), weil sich die Ausgabe von 10 gegen die Einnahme von 25 bei einer 40prozentigen Wahrscheinlichkeit ausgleicht. Kurz und gut, man muß bei derjenigen Anzahl von Exemplaren haltmachen, über die hinaus die Wahrscheinlichkeit, alle Exemplare zu verkaufen, unter 40% herabsinkt.

Bei der Bewertung der Wahrscheinlichkeiten bedient man sich je nach dem Fall verschiedener Elemente (man kann sich auf Symmetriegründe stützen wie bei Würfeln, bei den Kugeln in einer Urne, bei Roulette usw. oder auf ähnliche Phänomene betreffende statistische Versuche, Vergleiche usw.) und ergänzt sie im allgemeinen durch Kenntnisse, Vermutungen und dergleichen, die sich auf den fraglichen Fall beziehen. Der Zeitungsverkäufer hat seine eigenen Erfahrungen, aber darüber hinaus wird er vielleicht eine sich seit kurzem kundgebende Zunahmetendenz für wichtig oder nicht wichtig halten, oder er wird besondere Motive haben, um geringere oder größere Nachfragen im Fall des besonderen ‹Morgen› zu erwarten usw. Es wäre eine der wertvollsten Errungenschaften eines Bildungsfortschritts, praktisch, durch Übung die Kunst zu erlernen, Wahrscheinlichkeitsgrade zu bewerten und mit Überlegung die geeigneten Bewertungen als Wahrscheinlichkeiten auszudrücken. Der Sinn für das Denken im Rahmen der Wahrscheinlichkeitsrechnung ist, wie schon gesagt, bedauerlich unzulänglich und verzerrt und wird so bleiben, wenn man sich nicht bemüht, ihn zu pflegen und zu verfeinern.

Eine erste Frage in diesem Zusammenhang könnte die sein, die sich auf den Vorteil bezieht, den es haben kann, Information zu sammeln und Versuche anzustellen, um eine bessere Grundlage für sein Urteil zu haben. (Hierher gehören Probleme wie die der Musterprüfung bei Waren, der Qualitätskontrolle und statistischer Untersuchungen im allgemeinen.) Das Kriterium wäre in jedem Fall ein und dasselbe: Man muß die Versuche bis zu dem Punkt fortsetzen, in dem sie noch rentabel sind, d.h., im Sinn des Grenznutzens gedacht, bis zu dem Punkt, in dem der letzte Pfennig, der ausgegeben wird, um diese Versuche auszudehnen und aufschlußreicher zu gestalten, dank der wahrscheinlichen Verbesserung von Entscheidungen, die er ermöglicht, die Gewinnerwartung von einem Pfennig einbringt. Es wäre schwierig, an Ort und Stelle Beispiele anzugeben, denn solche Beispiele setzen Begriffe der technischen Statistik voraus.

Die vernünftige Prognose

Dagegen halten wir uns einen Augenblick bei dem anderen Aspekt auf, der ‹Schulung in der Bewertung von Wahrscheinlichkeiten›. Zu diesem Zweck machen wir den Leser mit einem Schema für Prognosen bei Fußballmeisterschaften bekannt. Das darauf beruhende und im folgenden beschriebene ‹Strafpunktespiel› ist ein wissenschaftliches Experiment, das in Italien (vom Autor), in den Vereinigten Staaten, in Schweden usw. mit kleinen Gruppen als Wettbewerb ausgeführt worden ist. Der Versuch hat sich von Anfang an als wirksam und lehrreich bewährt und zugleich als unterhaltend für die Teilnehmer. (Natürlich könnte man sich auch mit anderen Ereignissen beliebiger Natur befassen, es ist nur schwierig, andere zu finden, dient- wöchelich stattfinden und ähnliche Charakteristiken haben.)

Die Prognose besteht darin, daß man für jedes Spiel die Wahrscheinlichkeiten angibt, die man jedem der drei möglichen Ergebnisse ‹Sieg›, ‹Unentschieden›, ‹Niederlage› in bezug auf die auf dem eigenen Feld spielende Mannschaft erteilt. Wir werden die drei Ergebnisse durch ‹1›, ‹X›, ‹2› darstellen, wie es beim Fußballtoto üblich ist, und das Resultat eines Spieles so ausdrücken, daß wir das entsprechende Symbol mit ‹wahr› und die beiden anderen mit ‹falsch› auszeichnen, im Gegensatz zum Fußballtoto, bei dem man das Ergebnis eines Spiels zu erraten versucht.

Ein Totoschein könnte z.B. folgendermaßen aussehen:

Spiele	Wahrscheinlichkeiten (in %)				
	1		X		2
A – B	50	–	30	–	20
C – D	45	–	30	–	25
E – F	80	–	15	–	5
G – H	25	–	35	–	40
I – J	35	–	45	–	20
K – L	60	–	25	–	15
M – N	30	–	40	–	30
O – P	75	–	15	–	10
Q – R	15	–	50	–	35

Sobald die Resultate eines Spieltags bekannt sind, werden für jeden Teilnehmer an dem Wettbewerb auf Grund der weiter unten stehenden Tabelle, wie später an einem Beispiel erläutert, für jedes Spiel die Strafpunkte berechnet, die er sich zugezogen hat, und addiert; die Summe ergibt das Tageskonto seiner Strafpunkte. Das Schlußkonto, am Ende der Meisterschaft, ist die Summe der Tageskonten. Dieses Schlußkonto ist offenbar aufschlußreicher, was die Qualitäten des Wettbewerbsteilnehmers betrifft, als die Tageskonten, weil zufällige Schwankungen an einzelnen Tagen ausgeglichen werden. Die Schlußkonten werden nach zunehmender An-

Wahrscheinlichkeit		00	05	10	15	20	25	30	35	40	45	50	XXXXXXXXXX	
Strafpunkte, wenn das Ergebnis	wahr	400	361	324	289	256	225	196	169	144	121	100	falsch	Strafpunkte, wenn das Ergebnis
	falsch	0	1	4	9	16	25	36	49	64	81	100	wahr	
XXXXXXXXXXX		100	95	90	85	80	75	70	65	60	55	50	Wahrscheinlichkeit	

zahl der Strafpunkte geordnet, und es wird eine Preisverteilung berechnet. (Es wäre eine vernünftige Regel, die Preise im Verhältnis zu der Differenz zwischen dem in bezug auf alle Teilnehmer berechneten Mittelwert der Schlußkonten und dem individuellen Schlußkonto festzusetzen.)

Die Strafpunkte lassen sich auf Grund der obenstehenden Tabelle berechnen. Die Tabelle ist so angelegt, daß sie nur solche Wahrscheinlichkeiten aufführt, deren Prozentwerte mit 0 oder 5 enden. Dabei ist folgendes zu beachten. Die Wahrscheinlichkeiten von 0 bis 50 sind oben und die zugehörige Wahr-Falsch-Angabe ist links abzulesen; die Wahrscheinlichkeiten von 50 bis 100 sind unten und die zugehörige Wahr-Falsch-Angabe ist rechts abzulesen. Der Durchschnitt der durch die Wahrscheinlichkeit bestimmten Kolonne mit der durch ‹wahr› oder ‹falsch› bestimmten Zeile gibt die Anzahl der Strafpunkte an.

Das folgende Beispiel möge den Gebrauch der Tabelle erläutern. Wählen wir das Spiel O – P (mit der Prognose 75–15–10) und nehmen wir an, der Ausgang sei unentschieden gewesen; dann berechnen sich die Strafpunkte wie folgt:

Wahrscheinlichkeit	Ergebnis	Resultat	Strafpunkte
75 %	1	falsch	225
15 %	X	wahr	289
10 %	2	falsch	4
Strafpunktsbetrag für das Spiel			518

Wir wollen die geometrische Bedeutung der Regel angeben, wenn wir auch den Grund für ihre Anwendung hier nicht erklären können. In einem gleichseitigen Dreieck (s. Fig. 48) ist die Summe der Entfernungen von den

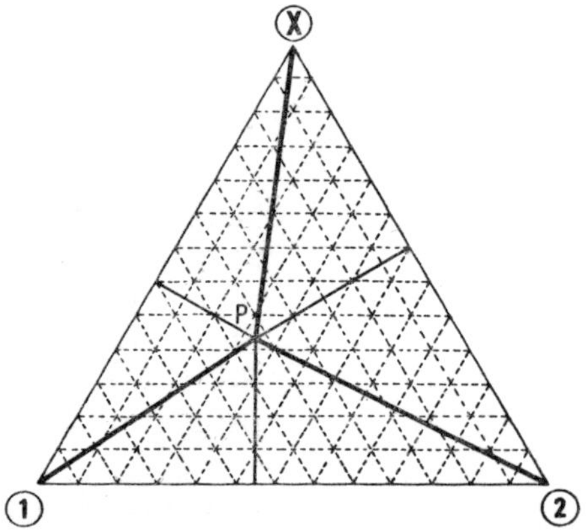

Fig. 48

Seiten für alle Punkte P im Innern des Dreiecks gleich (und gleich der Höhe). Wenn man die Höhe gleich 1 nimmt (d.h. = 100%), so stellt jeder Punkt im Inneren des Dreiecks eine zulässige Prognose dar (eine Prognose, für die die Summe der drei Wahrscheinlichkeiten = 1 = 100% ist); die mit ‹1›, ‹X› und ‹2› ausgezeichneten Ecken entsprechen der den betreffenden Ereignissen erteilten Wahrscheinlichkeit von 100%. Die Anzahl der Strafpunkte berechnet sich als das Quadrat der Entfernung zwischen dem die Prognose darstellenden Punkt P und der das eingetretene Ereignis darstellenden Ecke[33]). Für ausführ-

[33]) Wir sehen dabei von einem Faktor ab, der eingeführt wird, um ganze Zahlen zu produzieren, die so klein sind wie möglich.

lichere Angaben vergleiche man BN, 6, S. 312). Man wird bemerken, daß man das Strafpunktminimum, 0, nur dann erhält, wenn man die volle Wahrscheinlichkeit (100%) dem wirklich eingetretenen Ereignis erteilt hatte. Es empfiehlt sich jedoch nicht, den großen Coup in der Hoffnung auf einen Volltreffer zu riskieren; verschiedene Teilnehmer an diesem Experiment tendierten ursprünglich zu solchen Coups, haben sich aber dann, durch schwere Schlappen belehrt, von dieser Tendenz befreit. Die Methode ist so ausgearbeitet, daß sich jeder in seinem eigenen Interesse gewissenhaft zu seinen eigenen Bewertungen bekennen muß[34]; sie verfolgt ferner den Zweck, den Teilnehmern an Wettbewerben vom Typ des Fußballtotos abzugewöhnen, daß sie ‹versuchen zu raten›. Wer sich an solchen Wettbewerben mit dieser Einstellung beteiligt, anstatt sie zu überwinden, wird auf seine Kosten lernen, was er für einen Fehler begeht.

Man zieht sich das Maximum an Strafpunkten zu, wenn man einem Resultat die volle Wahrscheinlichkeit erteilt und ein anderes sich ergibt. (Dieses Maximum ist $2 \times 400 = 800$: 400 für die dem falschen Ergebnis erteilten 100%, 400 für die dem wahren Ergebnis erteilten 0% und keine Strafpunkte für die dem einen weiteren falschen Ereignis erteilten 0%.) Und man muß sich daran gewöhnen, sich darauf einzustellen, daß wenig wahrscheinliche Dinge doch durchaus möglich sind. (Wir sind alle zu schnell bei der Hand mit der Behauptung, daß etwas ‹unmöglich› ist, was tatsächlich nicht absolut unmöglich ist.)

Noch eine letzte Bemerkung: Es ist nicht notwendig, als Spielregel die Bedingung aufzustellen, daß die Summe der Wahrscheinlichkeiten 100% betragen muß; wer sich von dieser Regel entfernt, schädigt sich aber tatsächlich selbst. Verzicht auf die Regel ist gleichbedeutend damit, für P einen Punkt außerhalb der Ebene des Dreiecks zu wählen; es ist jedoch vorteilhafter, die Projektion von P auf die Ebene des Dreiecks zu wählen, weil dadurch die Entfernungen von den Ecken kleiner werden und daher auch der Strafpunktbetrag niedriger wird, was auch immer das Resultat sein mag[35].

Die beschriebene Methode wäre wegen ihrer charakteristischen Eigenschaften auch für quizartige Prüfungen geeignet; sie würde in der Tat dazu dienen, die Wirkung des ‹Drauflos-Ratens› zu eliminieren, welches die Bewertung der Proben verfälscht oder ungewiß macht[36].

[34]) Genauer gesagt, wenn jemand die Prognose angibt, die der Punkt P' darstellt und nicht der Punkt P, der tatsächlich seiner Einschätzung eines Spiels entspricht, so erhöht sich seine eigene ‹erhoffte› Strafpunktbelegung um das Quadrat der Entfernung zwischen P' und P. Man findet (auf englisch) weiteres über solche Probleme und Methoden in B. de Finetti, *Probability, Induction and Statistics* (Wiley 1972), insbesondere in Kap. 3 und 4. Für ökonomische Entscheidungen siehe Kap. 1 und 8.

[35]) Dennoch mag das in der Praxis nicht wahr sein, wenn man sich auf ‹runde› Zahlen beschränken muß: In der Tat muß man jede Wahrscheinlichkeit immer auf den nächstgelegenen Wert abrunden, ohne sich darum zu kümmern, ob die Summe 100% ergibt oder nicht. Wenn z. B. jemand die drei Wahrscheinlichkeiten als gleich einschätzte, also je 33,33%, so müßte er eher schreiben 35–35–35 (was ihm in jedem Fall die Strafpunkte $169 + 49 + 49 = 267$ einbringt), als einen der Werte 35 durch 30 zu ersetzen (was zu einem Strafpunktbeleg von $169 + 49 + 36 = 254$ oder $196 + 49 + 49 = 294$ führen würde, je nachdem ob ein Ergebnis mit dem Wert 35 oder das mit dem Wert 30 eintritt); man macht in zwei der drei Fälle eine Ersparnis von $267 - 254 = 13$, aber man erleidet im dritten Fall einen Verlust von $294 - 267 = 27$, d. h. einen Verlust, der etwas mehr als doppelt so groß ist wie die Ersparnis.

[36]) Dies gilt weniger in bezug auf die Wirkungen des Ratens beim Vergleichen der Geprüften – hier ist es so, daß bei einer großen Zahl von Fragen derjenige, der mehr weiß, auch mehr richtige Antworten gibt (die Abweichungen hiervon sind so gering, daß man sie vernachlässigen kann) – als hinsichtlich der Wirkungen des Ratens in bezug auf eine Analyse der

einzelne Fragen betreffenden Kentnisse. Wenn z.B. bei einer bestimmten Frage jede der angegebenen Antworten (nehmen wir an, es seien 4) von etwa $^1/_4$ der Geprüften gewählt worden ist, so wäre es wichtig (aber es ist unmöglich) zu wissen, ob die richtigen Antworten alle auf Zufall (Erraten) zurückzuführen sind, oder ob wenigstens einer oder zwei oder ein paar mehr über die Frage wirklich Bescheid wußten.

18

Die elektronischen ‹Gehirne› und das unsrige

Wir dürfen nicht versäumen, Elektronenrechner wenigstens zu erwähnen; aber wir werden uns dabei auf solche Aspekte beschränken, die einen zweckmäßigen Ausgangspunkt für unsere abschließenden Bemerkungen liefern.
Über die Struktur und das Funktionieren der Elektronenrechner werden wir ein paar Dinge sagen, welche die meisten Leser wahrscheinlich schon wissen. Jeder weiß z.B., daß diese Maschinen mit höchsten Geschwindigkeiten arbeiten (Zeitintervallen von Tausendsteln oder Millionsteln – man nähert sich schon den Milliardsteln – einer Sekunde für die verschiedenen Operationen). Um diese Geschwindigkeiten ausnützen zu können, muß man zu einer durchgreifenden Umstellung bereit sein: Man muß bereit sein, dem elektronischen Rechenautomaten, einer Maschine, die volle Ausführung eines oft ungeheuer umfangreichen und komplizierten Programms von Rechnungen und Detailausarbeitungen anzuvertrauen. Um ein solches Programm ausführen zu können, muß der Automat unter anderem die ganzen Daten und Zwischenresultate in dem eigens hierzu bestimmten Speicherwerk, dem ‹Gedächtnis›, aufspeichern und auf solche Weise aufbewahren, daß diese Daten und Resultate, wenn sie gebraucht werden, schnell darin aufgefunden und leicht zur Wiederbenützung daraus abgerufen werden können.

Es folgt, daß die für uns geeignete Art, Rechnungen auszuführen (mit der Hand oder mit einer Maschine, die wir Schritt für Schritt steuern) im allgemeinen einem elektronischen Rechenautomaten nicht angepaßt ist. Im Hinblick z.B. auf die Leichtigkeit und Geschwindigkeit, mit denen eine solche Maschine einfache Rechnungen derselben Art ausführen und viele Male wiederholen kann, ist es im allgemeinen angebracht, sich Methoden auszudenken, welche diese Anlage der Maschine ausnützen, anstatt kompliziertere und weniger leicht zu normierende Verfahren anzuwenden.

Das duale Zahlensystem

In dem *dualen Zahlensystem* haben wir ein Beispiel einer dem elektronischen Rechenautomaten besonders angepaßten (und darum bei seiner Benützung angewandten) Vereinfachung. In unserem gewöhnlichen Zahlensystem (dem Dezimalsystem, d.h. dem System, das sich auf die Basis 10 gründet) haben wir es mit 10 Ziffern zu tun (0, 1, 2, 3, 4, 5, 6, 7, 8, 9), und wenn wir eine Zahl niederschreiben, so stellt die Endziffer, von rechts aus gezählt die erste, die Einerziffer, die Anzahl der *Einer* dar; an sie schließt sich als 2. Ziffer die Zehnerziffer an (sie gibt die Anzahl der *Blocks von je 10 Einern* an), an diese als 3. Ziffer die Hunderterziffer (sie gibt die Anzahl der *Blocks von je 10 Zehnern* an) und so fort. Wenn wir die Zahl ZWEI als Basis nehmen, gestattet dasselbe Prinzip, jede Zahl in der sogenannten **dualen** Form darzustellen, d.h. mittels nur zweier Ziffern, der 0 und der 1. Allgemein könnte man als Basis eine beliebige Zahl nehmen, z. B. zwölf oder sechzig oder acht usw.; man muß dann ebensoviele Zeichen, wie die Basis beträgt, für die ‹Ziffern› benützen, d. h. für die Zahlen von null bis zu der der Basis vorangehenden Zahl. Wir beschränken uns darauf, das Dualsystem zu erläutern, und betrachten eine Zahl, die mittels Nullen und Einsern ausgedrückt ist, z. B. 110111001000110. Die letzte Ziffer, d. h. wieder, von rechts aus zählend, die erste, gibt die Anzahl der Einheiten oder Einer an; sie beträgt 0, also entspricht ihr auch im Dezimalsystem 0. Die zweite Ziffer gibt die Anzahl der *Paare* von Einern an; da sie 1 lautet, haben wir ein solches Paar, und es entspricht ihm in dezimaler Schreibweise eine 2. Die dritte Ziffer gibt die Anzahl der *Paare von Paaren* an; da sie wieder 1 lautet, haben wir, dezimal geschrieben, eine 4 (die mit der vorhergehenden 2 zusammen 6 ergibt). Es folgen drei Nullen; sie bedeuten, daß weder Paare von Paaren von Paaren auftreten, denen die 8 entsprechen würde, noch die Schachtelungen von Paaren, die zu 16 und 32 führen. Dann folgt eine 1, die dezimal 64 bedeutet (mit der vorhergehenden 6 zusammen bringt uns das auf 70). Die beiden folgenden Nullen bedeuten, daß 128 und 256 nicht mit zu summieren sind. Die drei folgenden Einser geben an, daß 512, 1024 und 2048 in die Summe einzuschließen sind (in Verbindung mit den vorhergehenden 70 erreichen wir somit 3654). 4096 ist nicht mit einzubeziehen, wohl aber 8192 und 16384. Damit kommen wir auf 28230, und das ist die oben in der dualen Form dargestellte Zahl. Das Beispiel wird die duale Schreibweise klargemacht haben, und wir wollen nicht weiter darauf eingehen; für den Vorteil, nur mit zwei Ziffern zu tun zu haben, bezahlt man mit dem Nachteil längerer Ziffernfolgen. [Drei dezimalen Ziffern entsprechen ungefähr zehn duale Ziffern; s. (ÜP, 29)]; die Operationsregeln sind jedoch sehr vereinfacht:

$0 + 0 = 0, \quad 0 + 1 = 1 + 0 = 1, \quad 1 + 1 = 10,$
d. h. $1 + 1 = 0$ mit einem ‹Vortrag› von 1 (von einem ‹Paar›);
$0 \cdot 0 = 0 \cdot 1 = 1 \cdot 0 = 0, \quad 1 \cdot 1 = 1;$
und das ist das ganze Einmaleins.

Das Dualsystem, bei seiner Anwendung auf elektronische Rechenautomaten als Binärsystem bezeichnet, ist für den elektronischen Rechenautomaten sehr vorteilhaft, sowohl wegen der dargelegten arithmetischen Einfachheit als auch weil die Angaben durch zwei ‹Zustände› für die verschiedenen Werke des Automaten besonders geeignet sind. (Sie sind von dem Typ des offenen oder geschlossenen Stromschalters im Gegensatz zu dem Typ des ‹Zehn-Ziffern-Rades›, wie es die Handrechenmaschinen haben.) Die Vorteilhaftigkeit einer binären Anlage gilt auch für das Speicherwerk, das Gedächtnis; hier handelt es sich um einen magnetisierten oder nichtmagnetisierten Punkt auf einer Platte, einer Trommel, einem Band oder um eine vorhandene oder nicht vorhandene Perforierung auf einer Karte oder einem Papierstreifen usw. Und man hat festgestellt, daß unser Gedächtnis auch nach demselben binären Prinzip zu funktionieren scheint (auf Grund davon, ob die ‹Synapsen› elektrische Reize empfangen oder nicht).

Die Iterationsmethoden

Ein anderes typisches Beispiel sind die auf **Iterationsmethoden** gegründeten Rechenverfahren; mit solchen Methoden löst man ein Problem, indem man ein und dasselbe Rechenverfahren wiederholt, bis der vorgeschriebene Genauigkeitsgrad erreicht ist.

Es möge genügen, die Iterationsmethoden an einem Beispiel zu erläutern; wir wählen dafür die Berechnung der Wurzel aus einer beliebigen Zahl (ÜP, 30). Wenn wir z. B. die Wurzel aus 10 berechnen wollen, so betrachten wir 10 als das Produkt von zwei Faktoren, wir setzen z. B. $10 = 10 \times 1$ und modifizieren die beiden Faktoren so lange, bis sie gleich (oder sehr annähernd gleich) sind, so daß wir 10 $= \sqrt{10} \times \sqrt{10}$ schreiben können.

Um solche annähernd gleiche Faktoren zu approximieren, genügt es, die Anfangsfaktoren 10 und 1 durch ihre halbe Summe, $^1/_2 (10 + 1) = 5{,}5$ und $10/5{,}5 = 1{,}818181 \ldots$ zu ersetzen, dann diese beiden Faktoren durch ihre halbe Summe und 10 geteilt durch diese halbe Summe und so fortzufahren. Die Maschine führt diese Rechnungen sehr schnell aus. Wenn wir sie mit der Hand ausführen, können wir die Zahlen nach Belieben abrunden; auf diese Art läßt sich die Methode mit wenig Mühe ausprobieren. So können wir 5,5 durch 5 ersetzen und erhalten $10 = 5 \times 2$; $^1/_2 (5 + 2) = 3{,}5$ können wir durch 3 ersetzen und erhalten $10 = 3 \times 3{,}3333\ldots$; wenn wir nun $^1/_2 (3 + 3{,}3333\ldots)$ durch 3,16 ersetzen, so erhalten wir

$$10 = 3{,}16 \times 3{,}164,$$

und $^1/_2 (3{,}16 + 3{,}164) = 3{,}162$ ist schon der auf drei Dezimalen genaue Wert. (Wenn man so fortfährt, kann man so viele Dezimalstellen erhalten, wie man will; natürlich muß man dann Teilungen mit immer längeren Zahlen ausführen.) (ÜP, 30.)

Wie soll man schließen?

Die Erforschung solcher Methoden, die sich entwickeln müssen, um den wachsenden Möglichkeiten und den neuen Maschinentypen, die technisch und begrifflich immer fortgeschrittenere Formen annehmen, gerecht zu werden, gibt den Mathematikern Anlaß, auch vom Standpunkt der ‹Philosophie› der Mathematik ihre Anschauungs- und Denkweisen neu zu durchdenken. Im übrigen dienen dieselben Maschinen oder für die zu erwähnenden Anwendungen besonders geeignete Varianten dazu, viele Aspekte der Organisation des sozialen Lebens zu erneuern. (Hierher gehören die Mechanisierung und Automation von öffentlichen Diensten, Amtseinrichtungen, amtlichen Prozeduren, Geschäftsführung, Regulierung von Produktionsprozessen usw.) Durch den Anteil, den die Logik der Mathematik an diesem Phänomen hat (und ihr Anteil sollte noch größer sein, als er tatsächlich ist), kann sich der Mathematiker in hohem Grad um die Menschheit verdient machen.

Ein elektronischer Rechenautomat ‹versteht› nichts von dem Zweck alles dessen, was er zu tun gesteuert wird. Und es ist gelungen, eine solche Maschine Dinge ausführen zu lassen wie die folgenden: das Herstellen und Unterbrechen von Stromschlüssen; das Erteilen von Reizen an gewisse Schaltkreise, welche die entsprechenden Werke zum Operieren anregen, und das Aufheben dieser Reize; das Magnetisieren und Entmagnetisieren von Punkten des Gedächtnisses, des Speicherwerks usw. Und zwar ist es gelungen, die Maschine diese Dinge auf solche Weise ausführen zu lassen, daß sie für uns Ausrechnungen und Antworten auf unsere Probleme bedeuten, nachdem wir zu Beginn diese Probleme formalisiert und auf eine Folge von konventionellen Zeichen reduziert hatten. Deshalb kann man sagen, daß die Leistung eines elektronischen Rechenautomaten einen Höhepunkt des Erfolgs der Formalisierung darstellt. Bedeutet das nun, daß infolgedessen der formalisierte Unterricht bei unserer Ausbildung immer mehr zum Ideal und zur Norm werden sollte? Oder bedeutet es umgekehrt, daß es für uns immer wichtiger wird, die Kunst zu beherrschen, Probleme zu durchschauen und anzusetzen und den Maschinen die Aufgabe zu überlassen, sich auf Grund ihrer viel größeren Befähigung dazu mit der Lösung der Probleme zu befassen, nachdem diese auf einen Stand der Formalisierung gebracht worden sind, der einem Etwas angepaßt ist, das operieren können muß, ohne zu verstehen?

Der Gesichtspunkt, der uns in allem Vorangehenden geleitet hat, führt natürlich zu der Bejahung der zweiten Frage. Die Rechenautomaten werfen nicht nur die beiden eben formulierten Fragen auf, sie weisen auch durch eine gewisse Analogie auf unseren ursprünglichen Vergleich zurück, den Vergleich zwischen (systematischem, wohlgeordnetem) Lernen durch *Theorien* und dem (mehr abenteuerartigen, gelegentlich launenhaften) Lernen durch *Probleme*. Und so werden wir auf lehrreiche und dem Wesen der Sache entsprechende Weise zu unserem Ausgangspunkt zurückgeführt.

Was bleibt?... Sozusagen nichts!...

Als Grundlage für unsere letzten Bemerkungen wählen wir zwei dem Examensproblem gewidmete Zeitungsartikel; sie enthalten Betrachtungen über die Frage, was nach Absolvierung der Schule von dem übrigbleibt, was man dort gelernt hat, und den Versuch, dazu Stellung zu nehmen. (Carlo Oliva, *Un esercito di smemorati* [‹Ein Heer von Vergessenden›], und Cesare Mannucci, *Le vicende della memoria* [‹Die Wechselfälle des Gedächtnisses›], erschienen in ‹Corriere della Sera›, 16. Juni bzw. 14. Juli 1965.)
‹Es ist weder logisch noch vernünftig, daß ganze Jahre des Lernens wie Wasser über Marmor hinwegfließen, ohne auch nur die geringste Spur in der Bildung des Schülers zu hinterlassen, gar nicht davon zu reden, daß sie kein stabiles und grundlegendes Wissen vermitteln...›, sagt C. Oliva und bedauert, ‹wie leicht die Dinge, die man auf der Schule lernt, vergessen sind. Kaum drei Jahre nach der Matura erinnern wir uns so gut wie an nichts von dem Examen selbst und ebenfalls so gut wie an nichts von den mit dem Examen zusammenhängenden Materien.› Später wirft er die Frage auf, ‹ob dies ein unvermeidliches Übel ist, ob es immer bestanden hat und immer bestehen wird oder ob es von Ursachen abhängt, die nicht wesens-, sondern umstandsbedingt sind und eliminiert werden können: von der Schule, die nicht versteht, was Lehren wirklich heißt, von den Schülern, die es nicht fertigbringen, das Lernen ernst zu nehmen, von der effektiven Zerrissenheit der aktuellen Kultur, die der einzelne Schüler und Lernbegierige von sich aus zu überwinden nicht imstande ist?›
Der Verfasser des anderen Artikels legt auf das Vergessen des Gelernten an sich einen weniger dramatischen Akzent; er findet, es sei natürlich; man erinnere sich nur an das, was einen interessiere, und im Bedarfsfall tauche das Vergessene oft wieder auf. Immerhin bleibt auch für ihn die Frage bestehen: ‹Warum sind die Dinge, die wir am leichtesten vergessen, diejenigen, welche wir auf der Schule gelernt haben› und mit denen wir uns (um mit Croce zu reden) ‹provisorisch das Gedächtnis anfüllen, die wir aber nicht mit unserem Intellekt verschmelzen?› Der Verfasser gibt die Antwort: ‹Sehr wenige von den Dingen, die der Schüler in jenen Jahren lernt, sind auch bei dem Besten imstande, in seinem Geist ein wirklich vitales Interesse zu entzünden›; deswegen ist es notwendig, ‹daß der einzelne Schüler die intellektuelle Gewohnheit des aktiven Forschens, des Konfrontierens verschiedener Dinge miteinander, des Vertiefens entwickle.›
‹Man muß›, so sagt Mannucci, ‹das starre, vollständig systematisierte enzyklopädische Wissen mit neuem Leben erfüllen, man muß die wasserdichten Abteilungen niederreißen, man muß die formale Ordnung der toten Dinge sprengen, um durchzudringen zu der offenbaren Unordnung der lebendigen Dinge.›

Platten oder Bänder im Kopf?

Der Unterschied, auf den wir angespielt haben, ist der von uns dem Leser vor Augen geführte und immer wieder betonte Unterschied zwischen der ‹Ordnung› einer schulmäßigen Darstellung und der ‹Ordnung›, die einem Streifzug eigen ist, wie wir ihn gerade beenden. Dieser Unterschied läßt sich veranschaulichen durch den zwischen zwei verschiedenen Formen des Gedächtnisses bei elektronischen Rechenautomaten. Die eine Form benützt Magnetbänder; diese Bänder sind auf Spulen aufgewickelt, auf jeder Spule ist ihr ganzer Inhalt in einer gewissen Reihenfolge verzeichnet, und dieser Inhalt wird nur dadurch dem ‹Leser› zugänglich, daß er das Band von Anfang bis zu Ende abrollen läßt. Die andere Form ist die des Gedächtnisses ‹mit direkter Abberufung› (z.B. des auf Platten aufgebauten Gedächtnisses); von einem solchen Gedächtnis kann man, wie die Bezeichnung besagt, augenblicklich, auf Wunsch, diejenige Information, deren man bedarf, unabhängig von der übrigen auf dem betreffenden Gerät aufgespeicherten Information, erhalten. Es ist klar, daß bei dieser Analogie die erste Gedächtnisform der systematischen, schulmäßigen Methode entspricht, jede Materie in eine Folge von miteinander verknüpften Begriffen zu ordnen, in etwas, das eindimensional ist wie ein Kinderreim, unverkuppelt mit der Materie fremden Dingen (oder Dingen, die aus schlecht angebrachtem Stolz auf Autonomie als fremd gebrandmarkt werden). Die zweite Gedächtnisform entspricht der von uns so sehr befürworteten Umstellung. Auf Grund dieser Umstellung, dank den vielfachen Verknüpfungen und Assoziationen von Ideen, die in Gruppen vereint oder miteinander konfrontiert aus den verschiedenen Fragen und Beobachtungen hervorgehen, wird das Gedächtnis fähig, sich in seiner Ganzheit zu mobilisieren, um unter der Einwirkung jedes beliebigen Reizes an jeder passenden Stelle Antworten zu suchen und auf jeden Echowiderhall zu reagieren.

Müssen wir uns nun mit den Anhängern des einen und des anderen Systems auseinandersetzen und uns ausschließlich für eins und nur eins der beiden Systeme entscheiden? Nein, das brauchen wir nicht zu tun, und die Analogie mit den elektronischen Gedächtnissen hilft uns auch hier wieder, so daß wir dank ihr zu einer ausgleichenden Entscheidung gelangen. Um in einer Maschine eine große Menge von Daten aufzuspeichern, die, außer Gebrauch, für einen späteren Moment aufbewahrt werden sollen für die Ausarbeitung besonderer Fälle, welche die Auswertung des aufgespeicherten Materials erfordern, ist die Gedächtnisform des Magnetbandtyps vorzuziehen oder geradezu notwendig. Für lebendiges, wirksames, anpassungsfähiges Funktionieren ist dagegen die Form mit direkter Abberufung des Plattentyps vorzuziehen oder geradezu unentbehrlich. Systematisch einem Magnetband folgen (einer Kette von Ableitungen und Verknüpfungen, die allmählich immer tiefer greifen), kann häufig von Nutzen und manchmal ohne Zweifel notwendig sein, aber nur *als eine Phase und nicht als der Zweck des Lernens*.

Eine befreiende ‹Degradierung›

Wer mit Gewinn lernen will, sollte sich im Hinblick auf das letzte Bild eines Gedächtnisses mit direkter Abberufung zum Ziel setzen, sein eigenes Gedächtnis auf diese Weise zu organisieren.

Damit wird das, was gewöhnlich in reine, feierliche, akademische, hermetische Formen gekleidet wird, zu etwas Nützlichem, Verständlichem, Bekanntem, Unterhaltendem, Ansprechendem ‹degradiert›. (Ein Kollege pflegte den Witz zu machen, daß ein Lehrer, der sich anschickt, die realen Zahlen nach akademischer Methode zu erklären, die Verpflichtung fühlt, eine schwarze Krawatte anzuziehen.) Wer diesen Degradierungsakt – der eher ein Aufklärungsakt ist – ausführt, trägt zu einem befreienden Vorstoß bei, der für unsere ganze Kultur bitter nötig ist.

Zur Erläuterung dieser Idee in einer angemessenen und nichtakademischen Form seien zwei ausgezeichnet formulierte Stellen aus einer Theaterkritik von Sandro de Feo zitiert. (Die Kritik betrifft eine Aufführung von Shaws *Androcles and the Lion* in Ostia Antica und findet sich in ‹L'Espresso›, 25. Juli 1965.) De Feo geißelt mit gutem Grund ‹die überernsten, sauertöpfischen, griesgrämigen Schriften jener rein formalen und gelehrten Tiefenorientierung, die unglaublicherweise in Europa noch immer beharrt und die auf nichts Geringeres zurückgeht als auf die die Antike beherrschende Rhetorik des *Sermo sublimis* und *Sermo humilis*, dergemäß kein Schauspiel ernst genommen und unter die edlen und tiefgründigen Dinge eingereiht werden konnte, wenn es nicht in edle Form und in feierliche Reden und Gedanken gefaßt war.› Dagegen muß man Widerstand leisten, muß man die Karten mischen und durcheinanderwerfen. Und in der Tat ‹entsprach es der Einstellung und der Poesie des Christentums, die Karten der müden, steiffeierlichen Rhetorik der Alten zu mischen und die höchsten Gefühle und die sublimsten Gedanken in einen *Sermo humilis* zu kleiden, in nüchterne Worte von gelegentlich grillenhafter Kindlichkeit. Und es war ein großer christlicher Heiliger, der heilige Franziskus, der mehr als ein Korn toller Fröhlichkeit hinzugefügt hat. Und die Intuition Shaws, die in seinen vielen Komödien zum Ausdruck kommt, in denen es sich in unverhüllter oder verhüllter und allegorischer Weise um Heilige handelt, entstammt jener Tradition und Revolution der modernen Poesie und des modernen Realismus.›

Übungen und Probleme

Die Hinweise auf diese Übungen und Probleme erscheinen im Text unter dem Zeichen ÜP zusammen mit der laufenden Nummer der Übung oder des Problems. Im folgenden findet man nach der laufenden Nummer die Seite oder Seiten angegeben, auf der die Übung oder das Problem erwähnt wird; dies gibt dem Aufgabenlöser die Gelegenheit, den Gedankengang und die Hinweise aufzufinden, die bei dem Verstehen und Ansetzen des Problems helfen können.

1 ([3]) S. 12.) Wann sind zwei Rechtecke ähnlich? Die Seiten des einen Rechtecks betragen 10 cm und 12 cm; bei einem zu diesem ähnlichen Rechteck beträgt eine Seite 30 cm; wieviel beträgt die andere? Wann sind zwei Rhomben, zwei Ellipsen (vgl. Kap. 5, Fig. 12), zwei Kreisringe ähnlich?

2 (S. 14.) Das Quadrat der Kreiszahl π (= 3,141592 . . .) beträgt fast genau 10: Es ist um etwa 1,3% kleiner (π^2 ist genau = 9,8696 . . .). Um wieviel, in Prozenten ausgedrückt, wird π^4 kleiner als 100 sein und π^6 kleiner als 1000?

3 (S. 23.) Man betrachte in Figur 13 die Punkte (sie liegen auf den Verlängerungen der Seiten des Quadrats), in denen die Ellipsen, aus deren Bogenstücken die gesuchte Kurve gebildet ist, zusammengeschweißt sind, und stelle fest, ob in den fraglichen Punkten die beiden Ellipsen jedesmal dieselbe Tangente haben oder nicht. Man gründe sich dabei auf die Überlegungen von Seite 23 (am Ende).

4 (S. 24.) Eine gespannte Schnur verbindet zwei Punkte A und B im Raum und kreuzt einen festen Kreis. Man gebe den Punkt P des Kreises an, in dem die Schnur sich an den Kreis anlegt (d.h. den Punkt, für den die Entfernung $\overline{AP} + \overline{BP}$ ein Minimum ist).

5 (S. 26 und 91.) Warum entfernen sich die Linien immer gleichmäßig vom Äquator in dem nach Norden und nach Süden verlaufenden Teil der Welle (vgl. Tafeln, S. 25 und 26)? Gibt es Punkte, für welche die geodätische Linie (von Rom ausgehend, um etwas Festes im Sinn zu haben), sich zuerst nach Norden wendet, dann nach Süden und dann wieder nach Norden? Gibt es Punkte, für welche sowohl die Ausgangsrichtung (von Rom aus) als auch die Ankunftsrichtung in die Richtung des Parallelkreises fallen können, oder solche, für die dies nur für die Ausgangsrichtung zutrifft? (Vgl. Tafel, S. 26.)

6 (S. 31.) Um den Punkt zu ermitteln, von dem ein Ton ausgeht, genügt es, drei Horchposten aufzustellen und die Verzögerungen festzustellen, mit denen der Ton bei den drei Posten ankommt (z.B. durch nach einer Zentrale gerichtete elektrische Signale). Hierzu ist nur erforderlich, daß man weiß, daß der Schall sich geradlinig ausbreitet mit bekannter Geschwindigkeit. Dieses Verfahren ist im Krieg erfolgreich benützt worden, um die Stellung feindlicher Artillerie oder feindlicher Minenarbeiten usw. festzustellen. Wie ermittelt man den Punkt P (wenn man die Differenzen zwischen $\overline{AP}$ und $\overline{BP}$, zwischen $\overline{AP}$ und $\overline{CP}$ und daher auch zwischen $\overline{BP}$ und $\overline{CP}$ kennt)?
Was läßt sich über die Genauigkeit einer solchen Ermittlung sagen (auf Grund der in Kap. 15 eingeführten Begriffe)? Man versuche zu sehen, wo P sich befinden muß, wenn man annimmt, daß jede der drei erwähnten Differenzen höchstens um einen Fehler vorgegebener Größe von dem wahren Wert abweicht (z.B. auf einer Zeichnung um 1 cm).

7 (S. 34.) Ein ähnliches Problem (man erinnere sich an die Teilbarkeitsregeln für 3 und für 9): Eine Zahl, für welche die Ziffernsumme durch 3, aber nicht durch 9 teilbar ist (oder, wenn man das vorzieht, die bei der Teilung durch 9 einen Rest von 3 oder 6 ergibt), kann keine Quadratzahl sein.

8 (S. 35.) Man prüfe nach, daß für ganzzahliges x die Einerziffer für x^5 die gleiche ist wie für x selbst. (Es genügt, dies für $0, 1, 2, \ldots, 9$ zu verifizieren, oder man kann sich auf Grund dessen, was für Quadrate gesagt worden ist, klarmachen, daß $x^5 - x$ oder $x(x^4 - 1)$ immer durch 10 teilbar ist.) Wer sich also die fünften Potenzen von $10, 20, \ldots, 90$ einprägt (auch nur annähernd: 0, 1, 3, 24, 100, 300, 800, 1700, 3300, 6000 Millionen), der kann auf Anhieb die Antwort auf die Frage nach der fünften Wurzel aus einer Zahl bis 10 000 000 000 geben, wenn diese Zahl eine fünfte Potenz ist.

9 (S. 39.) Man berechne das Quadrat von 3000 und ermittle daraus die Quadrate von 3001, 3002 usw., indem man schrittweise die passenden ungeraden Zahlen hinzufügt. Wenn man bei dem Quadrat von 3010 (oder auch 3020) angekommen ist, kontrolliere man sein Resultat durch direkte Ausrechnung [3010×3010 oder $(3000 + 10)^2$].

10 (S. 42.) Die Summe der Quadrate der n ersten Zahlen ist gleich dem Volumen einer Stufenpyramide, die durch das Aufeinanderlegen von n quadratischen Tafeln gebildet wird, deren Seiten n bzw. $n - 1, n - 2, \ldots, 3, 2, 1$ betragen und die alle die Höhe 1 haben. Das Volumen einer Pyramide ist gleich dem *Produkt aus Grundfläche und Höhe*, geteilt durch 3. Man verifiziere, daß das Volumen der Stufenpyramide zwischen den Volumen der ein- und der umbeschriebenen Pyramide liegt; man ziehe in Betracht, daß für diese beiden Pyramiden die Seitenlänge der Grundfläche gleich der Höhe ist und n bzw. $n + 1$ beträgt.

11 (S. 44 und 53.) Was für eine Kurve beschreibt der Schnittpunkt der Diagonalen eines Quadrats, wenn man dieses so deformiert, daß eine Seite (wir nennen sie die Grundseite) festbleibt? In was für einer Beziehung steht das hier erhaltene Resultat zu dem Lehrsatz von (ÜP, 19)? Und was läßt sich über den Diagonalenschnittpunkt sagen, wenn wir statt von einem Quadrat von einem allgemeinen Rechteck ausgehen (dessen Höhe größer oder kleiner ist als die Grundlinie)? Denkt man sich eine Seite des Rechtecks vertikal, so kann es ein einfaches Tor in einem Zaun vorstellen. Warum wird etwas in der Diagonalen hinzugefügt? Und in welcher Diagonalen? (Man überlege sich die Sache und unterscheide zwei Fälle: durch einen Balken oder durch einen Stahldraht verwirklichte Diagonale.)

12 (S. 47.) Eine Kugel werde a) mit Sonnenlicht (Lichtquelle sozusagen unendlich weit entfernt), b) von einem beliebigen Punkt aus (Lichtquelle in endlicher Entfernung) bestrahlt; wie sieht der Schatten aus, den die Kugel auf eine Ebene wirft? Wann ist er kreisförmig? Wann ist er unbegrenzt?

13 (S. 47.) Die an dem numerischen Beispiel vollzogenen Schritte, die, allgemein ausgedrückt, daraus bestehen, $y = a x^2 + b x + c$ in $y = a(x + b/2a)^2 + (c - b^2/4a)$ überzuführen, bedeuten einfach, daß die Parabel in der natürlichsten Form, auf ihren Scheitel bezogen, dargestellt wird. Wenn man, in der Tat, $x_0 = -b/2a$ und $y_0 = c - b^2/4a$ setzt, so erhält man $y = y_0 + a(x - x_0)^2$; hieraus ist ersichtlich, daß die Parabel von der Niveaulinie $y = y_0$ im Punkt $x = x_0$ ausgeht (dem Punkt, in dem das quadratische Glied verschwindet) und sich symmetrisch nach beiden Seiten von der Linie $x = x_0$ entfernt; sie öffnet sich nach oben, wenn $a > 0$ ist, und nach unten, wenn $a < 0$ ist. Die Wurzeln der Gleichung $y = 0$, d.h. die Schnittpunkte x_1, x_2 der Parabel mit der x-Achse, existieren, wenn y_0 negativ ist und a positiv oder umgekehrt, wie Figur 34 zeigt. Im übrigen gestattet die Formel selbst, $a(x - x_0)^2 = -y_0$, $x - x_0 = \pm\sqrt{-y_0/a}$ zu schreiben (damit ist das Problem im wesentlichen, wenn man den Scheitel der Parabel als neuen Ursprung wählt, auf die banale Aufgabe zurückgeführt, die Schnittpunkte der Parabel $y = a x^2$ mit einer horizontalen Geraden $y =$ einer Konstanten zu finden). So erhält man die Lösung, die Formel

$$x_{1,2} = x_0 \pm \sqrt{-y_0/a},$$

oder explizit

$$x_{1,2} = \{-b \pm \sqrt{b^2 - 4ac}\}/2a.$$

14 (S. 47.) Es ist lehrreich, das vorangehende Problem einschließlich seiner Lösungsformel unter einem gewissen anderen Aspekt zu betrachten; es ist der Aspekt, unter dem das Problem (im wesentlichen) zum erstenmal gestellt und gelöst worden ist, und zwar von dem mohammedanischen Mathematiker Al-Khuwarizmi, der um 800–850 n. Chr. gelebt hat.

Es ist zweckmäßig, die quadratische Gleichung in der Form

$$x^2 + 2kx = l^2$$

zu schreiben. (Mit Bezug auf die Form $a x^2 + b x + c = 0$ im vorangegangenen Beispiel bedeutet das, daß wir $k = b/a$ und $l^2 = -c/a$ setzen.) Wir wollen den besonderen Fall betrachten, in dem a und b positiv sind und c negativ; dadurch wird k positiv und wird die Bedingung, daß $-c/a$ ein Quadrat ist, erfüllt. Wir können dann k, l und x als Längen interpretieren, von denen die beiden ersten gegeben sind und die dritte unbekannt ist, und können die Gleichung folgendermaßen als eine Beziehung interpretieren, die zwischen Flächeninhalten bestehen soll: Eine Länge x ist so zu wählen, daß

das Quadrat mit der Seite x

zusammen mit zwei Rechtecken mit den Seiten k und x

eine Fläche ergibt, deren Inhalt gleich dem Inhalt des Quadrates mit der Seite l ist.

Man muß sich vorstellen, daß Figur 49 so konstruiert ist, daß diese Bedingung erfüllt wird. Zuerst zeichnet man die Achsen und die beiden Quadrate, deren Seiten gegeben sind. Danach umrahmt man das Quadrat mit der Seite k mit einer ‹Borte›, die sich von oben und von rechts wie ein umgekehrtes L um dieses Quadrat legt. Das Problem besteht dann daraus, die Breite dieser Borte so zu bestimmen, daß ihr Flächeninhalt gleich dem des Quadrats mit der Seite l ist. Das bedeutet aber, daß das Quadrat mit der Seite $k + x$ (nämlich k^2 vergrößert um die Borte) gleich der Summe der Quadrate k^2 und l^2 sein muß, d.h. daß seine Seite $k + x$ auf Grund des pythagoreischen Lehrsatzes gleich $\sqrt{k^2 + l^2}$ sein muß (s. die in die Figur eingezeichnete Hypotenuse des rechtwinkligen Dreiecks mit den Katheten k und l). Daraus ergibt sich

$x = -k + \sqrt{k^2 + l^2}$.

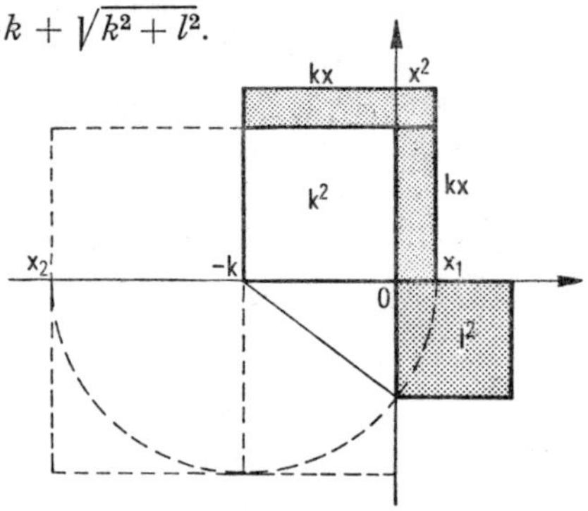

Fig. 49

Dies stimmt mit der Formel überein, die wir in der vorangehenden Aufgabe als Lösung erhielten; es fehlt uns jedoch noch die zweite Lösung mit dem ‹–›-Zeichen vor der Wurzel. In der Tat erhält man auch dann eine Lösung, wenn man die Hypotenuse von dem Punkt $-k$ aus nach links anstatt nach rechts abträgt. Diese Lösung läßt sich auf geeignete Weise interpretieren, wenn man die Vorzeichen der Produkte berücksichtigt, welche Flächeninhalte darstellen; man versuche, dies als Übungsaufgabe auszuführen, und lasse sich dabei von den punktierten Linien leiten. Wenn man die Flächeninhalte als positiv auffaßt, entspricht nur die erste Lösung dem geometrischen Problem.

15 (S. 48.) In Figur 30 (s. den Text für die Beschreibung) hat unter allen Rechtecken, deren rechte obere Ecke auf der Verbindungsstrecke der Punkte $(0, 2y)$ und $(2x, 0)$ liegt, dasjenige mit der Basis x und der Höhe y den größten Inhalt; da alle anderen Rechtecke einen geringeren Inhalt haben, liegen alle anderen Punkte der Strecke unterhalb des Hyperbelastes. Dies genügt, um zu gewährleisten, daß die Strecke den Hyperbelast in dem ausgezeichneten Punkt (x, y) berührt, da man weiß, daß die Hyperbel keine Eckpunkte oder anderen Unregelmäßigkeiten hat.

16 (S. 48.) Die zum Schluß aufgestellte Behauptung muß präzisiert werden. Die behauptete Eigenschaft gilt für jede Kurve, welche den Hyperbelast von außen berührt; wenn sie ihn von innen berührt, haben wir statt eines Maximums ein Minimum, und wenn sie ihn gleichzeitig berührt und schneidet, haben wir weder ein Maximum noch ein Minimum. Man versuche, verschiedene Kurven zu zeichnen, welche den Hyperbelast im Punkt (x, y) berühren und die drei Fälle darstellen, und verifiziere die Gültigkeit dessen, was behauptet worden ist (s. Fig. 30).

17 (S. 50.) Man führe diese Zeichnung mit voller Präzision aus (wie in Fig. 37, aber mit einem anders geformten Dreieck) und verifiziere, daß die drei Geraden sich tatsächlich in einem Punkt schneiden.

18 ([20] S. 50.) Es mögen auf dem Umfang eines Kreises mit dem Mittelpunkt O zwei Punkte A und B und noch ein beliebiger Punkt P gegeben sein. Der Lehrsatz, auf den angespielt wurde, sagt aus, daß der Winkel APB gleich der Hälfte des Winkels AOB ist. Dabei muß man berücksichtigen, daß unter AOB derjenige Winkel zu verstehen ist, den man erhält, wenn man sich von A nach B bewegt, ohne den Punkt P zu kreuzen. Liegt also P auf dem kleineren der beiden Bogen zwischen A und B, so ist mit AOB der von diesen drei Punkten bestimmte überstumpfe Winkel gemeint. Man ziehe den Durchmesser durch P; dieser Durchmesser teilt sowohl AOB als auch APB in zwei Teilwinkel, deren Summe (oder Differenz) den ursprünglichen Winkel ergibt. Man erkennt leicht (und beweise), daß die behauptete Eigenschaft für die beiden Teilwinkel auf der einen und auf der anderen Seite der Diagonalen gilt und daher für ihre Summe (oder Differenz).

19 ([20]) S. 50.) Was sagt der Lehrsatz der vorhergehenden Aufgabe aus für den besonderen Fall eines Winkels, der in einen Halbkreis einbeschrieben ist, d. h. wenn A und B Endpunkte eines Kreisdurchmessers sind und P ein beliebiger Punkt des Kreisumfangs ist? Wie läßt sich dieses Resultat benützen, um von einem gegebenen Punkt das Lot auf eine gegebene Gerade zu fällen?

20 (S. 51.) Wie (ÜP, 17), aber mit Bezug auf Figur 39.

21 (S. 53 und 57.) Man muß immer darauf achten, ob ein Problem als für die Ebene oder für den Raum gestellt zu verstehen ist wie auch auf andere Varianten dieser Art, die stillschweigend einbegriffen sein können und die einen, wenn sie unberücksichtigt bleiben, zufälliger- oder absichtlicherweise irreführen können. Hier sind drei Aufgaben, die leicht zu lösen sind, wenn man nicht glaubt, daß sie in der Ebene gelöst werden sollen, anstatt, wie tatsächlich gemeint, im Raum: a) zwei Kreise zu zeichnen, die keinen gemeinsamen Punkt haben und deren jeder durch den Mittelpunkt des anderen geht; b) mit 6 gleichlangen Streichhölzern 4 gleichseitige Dreiecke zu zeichnen; c) mit 3 Schnitten eine Torte in 8 Teile zu teilen.

22 (S. 54.) Das Folgende bezieht sich auf die im zweiten Absatz von Kapitel 13 gestellte Aufgabe. Wenn die Grundlinie AB gegeben ist, muß die dritte Ecke P auf der Senkrechten zu AB durch H und dem Kreis durch A und B mit dem Mittelpunkt O liegen, der dadurch bestimmt wird, daß der Winkel $AOB = 2\gamma$ sein muß; dabei ist γ gegeben und liegt der Grundlinie gegenüber. Dies ist die in Figur 39 benützte Konstruktion, die sich auf den in (ÜP, 18) angegebenen Lehrsatz stützt. Wenn statt der Grundlinie die Höhe gegeben ist, führe man zuerst die eben beschriebene Konstruktion aus mit beliebiger Wahl von AB; dann genügt es, die Parallele zur Grundlinie in einem der gegebenen Höhe gleichen Abstand von P zu ziehen; diese Seite ergibt zusammen mit den beiden schon erhaltenen das gesuchte Dreieck.

23 (S. 56.) Auf Grund der Definition beweise man, a) daß der (durch eine endlich oder unendlich entfernte Lichtquelle hervorgerufene) Schatten eines konvexen Körpers konvex ist; b) daß der Durchschnitt, der gemeinsame Teil zweier oder mehrerer konvexer Körper konvex ist.

24 (S. 57.) Eine Schraubung ist die Bewegung, die ein Korkenzieher oder allgemein eine Schraube ausführt. Diese Bewegung läßt sich in zwei aufeinanderfolgende zerlegen: zuerst wird eine reine Drehung ausgeführt, dann eine reine Schiebung, längs der Drehachse. Eine Schiebung läßt sich aber (wie im Text besprochen) aus zwei Drehungen zusammensetzen [s. auch (ÜP, 25)]. Auf Grund hiervon gebe man eine Methode an, um mittels dreier Drehungen eine beliebige Schraubung auszuführen.

25 (S. 58.) Man verifiziere praktisch, daß zwei Drehungen mit verschiedenen Drehzentren nicht vertauscht werden können. Man nehme z. B. ein quadratisches Stück Pappdeckel und bezeichne mit A und B die Punkte des Fußbodens oder des Tisches, an die man die Endpunkte einer seiner Seiten anlegt (s. das Schema); durch eine Drehung um einen rechten Winkel im Uhrzeigersinn um A und im Ge-

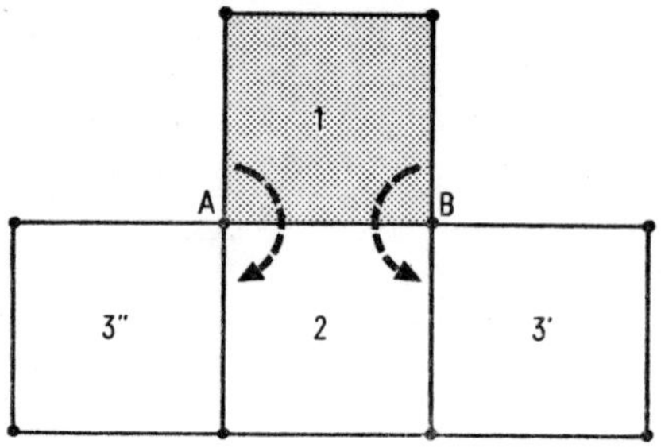

Fig. 50

genuhrzeigersinn um B geht das Quadrat aus der ursprünglichen Stellung (1) in die Stellung (3′) oder (3″) über, je nachdem, ob man zuerst die Drehung um A oder um B ausführt. Beide Male nimmt das Quadrat die Zwischenstellung (2) ein, aber entgegengesetzt orientiert, wie klar ersichtlich ist, wenn man es irgendwie beschriftet. Mit einem Bogen transparenten und liniierten Papiers lassen sich die verschiedensten Experimente mit Drehungen um einen beliebigen Winkel um beliebige Punkte anstellen; dabei sollten diese Punkte in einen unter dem transparenten liegenden, festen Bogen eingezeichnet sein, und der bewegliche transparente Bogen sollte nacheinander mit einer Nadel so in diesen Punkten befestigt werden, daß er sich um sie drehen kann.

26 (S. 64.) Unter welchen Umständen ist eine Ähnlichkeitstransformation eine Drehung, d.h. unter welchen Umständen läßt sie Längen unverändert? Man beachte, daß die Einheitsvektoren in Vektoren der Länge $\sqrt{a^2+b^2}$ verwandelt werden; also... Die Größe $\sqrt{a^2+b^2}$ heißt der *Modul* der komplexen Zahl $a + i\,b$. Man verifiziere, daß der Modul des Produkts zweier komplexer Zahlen gleich dem Produkt ihrer Moduln ist, und überzeuge sich, daß dies unmittelbar, ohne jede Rechnung aus dem ‹also...›-Schluß folgt, falls man diesen Schluß hat erreichen können.

27 (S. 64.) Betrachten wir die Parabel
$y = x^2 - 2x + 2$,
die sich auch in der Form $y = (x-1)^2 + 1$ darstellen läßt, aus der ersichtlich ist, daß y immer ≥ 1 und daher > 0 ist, so haben wir das Beispiel einer Gleichung zweiten Grades ohne reelle Wurzeln: Für keinen reellen Wert von x ist $x^2 - 2x + 2 = 0$ oder $x^2 = 2(x-1)$. Die Formel für die Lösung liefert $x_{1,2} = \pm\sqrt{-1}$, und werden für $\sqrt{-1}$ die Drehungen um einen rechten Winkel $\pm\, i$ gesetzt, so erkennt man, daß in der Tat die Ähnlichkeitstransformationen $1+i$ und $1-i$ der Gleichung genügen. Diese Transformationen bestehen aus der Drehung um 45° im Uhrzeigersinn bzw. im Gegenuhrzeigersinn, verbunden jedesmal mit einer Streckung im Verhältnis von 1 zu $\sqrt{2}$. (Stellen wir uns ein Quadrat mit einer Ecke im Ursprung vor und betrachten wir die beiden Seiten und die Diagonale dieses Quadrats, die vom Ursprung ausgehen, so führen diese Transformationen je nach dem Drehungssinn die eine oder die andere Seite des Quadrats in seine Diagonale über.) Da $(1+i)^2 = 1 + 2i + i^2 = 1 + 2i - 1 = 2i$ und ähnlich $(1-i)^2 = -2i$ ist, erhält man in x^2 eine Drehung um einen rechten Winkel, verbunden mit einer Verdoppelung der Längenmaße, wenn man eine solche Transformation $x = 1 + i$ bzw. $= 1 - i$ zweimal hintereinander ausführt.

Zu diesen Transformationen gelangt man ebenfalls, indem man die Ähnlichkeitstransformationen $x - 1$, die gleich $1 + i - 1 = i$ bzw. $1 - i - 1 = -i$ sind, mit 2 multipliziert.

Diese Interpretation der komplexen Wurzeln einer Gleichung zweiten Grades als Ähnliche keitstransformationen gilt allgemein für alln Gleichungen zweiten Grades mit komplexen Wurzeln. Auch die Tatsache, daß die Wurzele einer solchen Gleichung konjugiert komplex-Zahlen sind, d.h. Zahlen vom Typus $a + b\,i$ und $a - b\,i$, die sich nur durch das Vorzeichen des imaginären Teils unterscheiden, gilt allgemein in dem Sinn, daß sie dann und nur dann gilt, wenn die Koeffizienten der Gleichung reelle Zahlen sind. (So gilt sie z. B. nicht für die Gleichung $x^2 + 2x + 1 - 2i = 0$, deren Wurzeln, wie man leicht verifiziert, i und $i - 2$ sind.)

28 (S. 64.) Die am Ende der vorhergehenden Übung gemachte Bemerkung erstreckt sich auch auf den Fall algebraischer Gleichungen von beliebigem Grad n mit reellen Koeffizienten: Die Wurzeln einer solchen Gleichung sind entweder reelle Zahlen oder Glieder von Paaren konjugiert komplexer Zahlen. Da im ganzen n Wurzeln vorliegen (wie im Text angegeben wurde), so schließt man auf Grund des gerade Gesagten, daß eine reelle Gleichung dritten Grades (eine *kubische Gleichung*) immer mindestens eine reelle Wurzel hat. Dasselbe gilt für jedes ungerade n. Allgemeiner gesagt sind die reellen Wurzeln in ungerader Zahl vorhanden, wenn n ungerade ist, und in gerader Zahl, wenn n gerade ist. Jedes Polynom n-ten Grades läßt sich in ein Produkt von n Gliedern in der Gestalt $(x - x_1)(x - x_2) \ldots (x - x_n)$ (eventuell mit einer Konstanten multipliziert) zerlegen, wo $x_1, x_2, \ldots, x_n$ die Wurzeln der Gleichung sind, die man erhält, wenn man das Polynom $= 0$ setzt. (Wie oben auseinandergesetzt, sind die Wurzeln im Fall eines reellen Polynoms reell, oder sie treten zu Paaren konjugiert komplexer Zahlen auf.) Es muß präzisiert werden, daß beim Zählen der Wurzeln (z.B. im Zusammenhang mit dem Satz, daß eine Gleichung n-ten Grades n Wurzeln hat) jede Wurzel so oft gezählt werden muß, als der ihr entsprechende Faktor in der obigen Produktdarstellung auftritt (tritt der Faktor zweimal auf, so haben wir eine Doppelwurzel; Entsprechendes gilt für dreifache, vierfache Wurzeln usw.); die konjugiert komplexen Wurzeln haben bei reellen Gleichungen immer dieselbe Multiplizität, so daß die oben aufgestellten Sätze durch das Auftreten solcher Wurzeln nicht beeinträchtigt werden. (Man braucht z.B. nicht zu befürchten, daß eine kubische Gleichung zwei konjugiert komplexe Wurzeln haben könnte, von denen eine eine Doppelwurzel ist, was im Widerspruch stünde zu dem Satz, daß eine kubische Gleichung immer eine reelle Wurzel hat.)

29 (S. 79.) Man versuche, die Behauptung bezüglich der Länge einer im Dualsystem dargestellten Zahl zu rechtfertigen und vielleicht sogar zu präzisieren, indem man davon ausgeht, daß $2^{10} = 1024$ ist.

30 (S. 80.) Man setze die Berechnung von $\sqrt{10}$ fort, indem man noch eine oder mehrere Dezimalen ausrechnet. Man experimentiere an einem anderen Beispiel mit der Methode.

31 (S. 91.) Es gibt Leute, die, wenn sie im Schatten sitzen wollen, ihren Stuhl dahin stellen, wo der Boden im Schatten ist (z.B. in den Schatten eines Schirms); dann wundern sie sich, wenn sie mit dem Kopf in der Sonne sind. Wie müßten sie ihren Stuhl stellen?

32 (S. 91.) Zum Abschluß: Eine gewisse Person benutzte beim Maschineschreiben ein zweifarbiges Band; sie schrieb den ganzen Text in Schwarz bis auf das Wort ENDE, das sie ans Ende jedes Kapitels in Rot setzte. Zufällig bemerkte sie einmal, daß dieses Wort auf dem roten Teil des Bandes zu lesen war; es war darauf abgedruckt, weil die Typen der Maschine mit der schwarzen Farbe verschmutzt waren. Als sie aber nach beendeter Arbeit das Farbband betrachtete, bemerkte sie, daß manchmal ENDE und manchmal EDNE auf dem roten Streifen stand. Woher die Form EDNE?

Didaktische Bemerkung für den Lehrer

Die in dieser Darlegung gegebenen Hinweise sind durchaus flexibel, und das kann von großem Nutzen sein, wenn jeder Lehrer versucht, mit den verschiedenen Methoden zu experimentieren und sie daraufhin zu vergleichen, wie wirksam sie sind und bis zu welchem Grad sie den Interessen der ihm anvertrauten Schüler entsprechen. Eine solche Kontrolle darf nicht daraus bestehen, daß man sich der Fähigkeit der Schüler vergewissert, Lehrsätze zu wiederholen oder Rechnungen auszuführen; sie muß sich statt dessen Rechenschaft darüber ablegen, bis zu welchem Grad es den Schülern zur Gewohnheit geworden ist, die Dinge mittels der Hilfe mathematischer Begriffe zu sehen. Zu diesem Zweck sind solche Schulen besonders geeignet, in denen derselbe Lehrer den mathematischen und naturwissenschaftlichen Unterricht erteilt, da das naturwissenschaftliche Material reichlich Gelegenheit für die konkrete Erklärung mathematischer Überlegungen geben kann.

Was auch immer die Methode sein mag, die jeder Lehrer mehr oder weniger konsequent zu befolgen für richtig befindet – wobei es eine Rolle spielt, welchen Gegenständen er selbst den Vorzug gibt und welche er für besonders wichtig für seine Schüler hält –, das, worauf es vor allem ankommt, ist, daß man dem Schüler nicht den Eindruck vermittelt, die Mathematik erschöpfe sich mit dem, was man auf der Schule lernt, denn dann wirkt sie fast immer und fast unvermeidlich trocken. Man muß zeigen, daß die Mathematik interessant und anziehend wird, wenn man sie als Quelle von Anregungen betrachtet, die zu Überlegungen führen, auf die jeder Schüler selbst kommen könnte, als ein Mittel, um Probleme der verschiedenartigsten Natur zu meistern, Probleme, denen jeder einmal begegnen wird.

Aus dieser Einstellung ist das vorliegende Bändchen entsprungen, das, wie schon der Titel besagt, ein Verständnis dafür erwecken will, wie wichtig in der Mathematik ‹die Kunst des Sehens› ist. Andere Bändchen in derselben Sammlung werden diese Art von Betrachtungen in bezug auf speziellere Gegenstände weiterführen. Es werden in ihnen flüchtig, auf rein erläuternde Weise, Betrachtungen angestellt, die zeigen sollen, wie vielen verschiedenen und oft ganz neuen Dingen man in der Mathematik begegnen kann. Es wird sich oft um Beispiele handeln, die zu einfach sind, um dem Gegenstand, den sie erläutern, wirklich gerecht zu werden, oder im Fall von Dingen, deren Erklärung zu kompliziert wäre, um Hinweise, die notwendigerweise oberflächlich sind. Aber es ist gerade diese Art von (so oft fehlenden) Anregungen, die nötig ist, um zu verhindern, daß alles Lernen und insbesondere das der Mathematik zu einem passiven und sterilen Wiederholen entwürdigt wird.

Man muß den Schülern einimpfen, daß es ihre Sache ist, das, was ihnen die Schule gibt, durch begeisterten Einsatz zu vervollkommnen und weiterzuentwickeln. Man muß ihnen klarmachen, daß die Schule nichts anderes gibt noch geben kann als einen Samen; die Früchte werden in den folgenden Jahren und Jahrzehnten reifen für den, der diesen Samen wie einen Schatz hütet, ihm in seinem jungen Geist einen fruchtbaren Boden bietet und ihn durch Nachdenken und Üben kultiviert. Möge der Samen nicht auf Wüstenboden fallen und umsonst gesät worden sein! Dies geschieht bei dem, der ihn unberührt und steril für den Tag des Examens aufbewahrt.

Es mag schwierig sein, diesen Forderungen gerecht zu werden, vor allem auch, weil beim Schulunterricht durch die Notwendigkeit, beschwerliche Lehrpläne zu bewältigen, keine

Zeit bleibt für Betrachtungen, die nicht unmittelbar mit den Themen verbunden sind, die unerbittlich eins auf das andere folgen. Und auch die im Unterricht behandelten Probleme müssen aus diesem Grund fast immer auf den Typus der *künstlichen*, zurechtgemachten Probleme beschränkt werden, die *auf die Anwendung einer gegebenen Methode zugeschnitten* sind. Diese Umstände erwecken bedauerlicherweise den Eindruck, daß die Mathematik aus einem Haufen von Dingen besteht, die man sich so, wie man sie gelernt hat, ins Gedächtnis einprägen muß, und daß man, wenn einem eine Aufgabe gestellt wird, entweder das Rezept für ihre Lösung kennt und die Aufgabe dann mechanisch durch Anwendung dieses Rezeptes löst (wobei man nicht nachzudenken braucht) oder das Rezept nicht kennt, und dann ist nichts zu machen (und man braucht wieder nicht nachzudenken).

G. Prodi von der Universität von Pisa (BN, 18, 1965) hat sehr richtig bemerkt:

‹Man müßte mehr an Hand von Problemen als an Hand von Theorien unterrichten; eine Theorie sollte nur in dem Maß gelehrt werden, daß sie weit genug reicht, um eine gewisse Gruppe von Problemen einzurahmen›.

Dies wird sich zum Teil und mit der Zeit auf der Schule durchführen lassen (wo bereits jetzt Tendenzen und Experimente in diesem Sinn nicht fehlen) und in größerem Umfang außerhalb und nach der Schule. Es ist zu hoffen, daß entsprechende Veranstaltungen außerhalb des Schulplans auch bei uns bald auf wirksame Weise nach den in vielen Ländern entwickelten Vorbildern Form annehmen. Auf solche Art könnte man das Beste leisten, um dazu zu verhelfen, daß der Samen Wurzel faßt, und um die Freude an seiner Pflege zu erwecken, anstatt, wie die Faulpelze meinen, schöne, reife Früchte zu verabreichen, die den Bedarf für das ganze folgende Leben decken.

Jeder Schüler sollte danach streben, durch Nachdenken, Lesen und Üben das auf der Schule Gelernte zu ergänzen, zu beleben und ihm seinen persönlichen Stempel aufzudrükken. Das Üben wird am besten durch die Beschäftigung mit echten (nicht zurechtgemachten) Problemen ausgeführt; man mag solche Probleme anderen Büchern, hier den (ÜP), in Zeitschriften usw. entnehmen oder mag sie aus seinen eigenen Beobachtungen herleiten, wie dies z. B. für (ÜP, 5, 11, 21, 31, 32) der Fall sein könnte. Zu demselben Zweck werden an vielen Stellen ‹mathematische Wettbewerbe› abgehalten (für Schüler von 15 bis 20 unter Ausschluß von Universitätsstudenten). Viele der in solchen Wettbewerben gestellten Themen werden später in Zeitschriften veröffentlicht (BN, g).

Man muß das Interesse der Schüler am gewöhnlichen, schulmäßigen Lernen, auch wenn es zuweilen passiv ist, anregen; aber noch mehr muß man ihr Interesse erwecken für solche Veranstaltungen außerhalb der Schule und sie zur Teilnahme daran anspornen.